D1929704

Umschlag: Schimpanse

(Foto von Clive Bromhall)

Universum Jahrbuch 1996

Herausgeber: ORF, Österreichischer Rundfunk

Redaktion: Walter Köhler

Bildredaktion: Sabine Holzer

Mitarbeit: Andrea Gastgeb, Martin Mészáros

Lektorat: Käthe Springer

Das Erscheinen dieses Buches wurde unterstützt von

World Wide Fund For Nature, WWF

und

Europay Austria

NORKA

© NORKA Zeitungsverlag Ges.m.b.H.

A-3403 Wien-Klosterneuburg

Wienerstraße 106

Alle Rechte vorbehalten.

Kein Teil des Werkes darf in irgendeiner Form (durch Fotografie, Mikrofilm oder ein anderes Verfahren) ohne schriftliche Genehmigung des Verlages reproduziert oder unter Verwendung elektronischer Systeme verarbeitet, vervielfältigt oder verbreitet werden.

Printed in Austria

Grafische Gestaltung: ORF-Grafikdesign, Karl M. Maier

Digitale Kartengrafiken: ORF-Grafikdesign, Hannes Reisinger

Druck und Bindung: Landesverlag Druckservice Gesellschaft m.b.H. & Co KG / Linz

ISBN: 3-85050-000-4

Inhalt

Erstes Kapitel

Der Affe im Spiegel

Wie klug muß man sein, um ein Computer-Game zu spielen? Ein Kapuzineraffe stellt sich dabei geschickter an als viele Menschen. Wir denken gerne, daß unsere Intelligenz uns von den Affen und Menschenaffen unterscheidet. Doch sind ihre mentalen Fähigkeiten tatsächlich nur ein matter Abglanz unserer eigenen? Wir, Menschen und Affen, sind bei weitem kein perfektes Spiegelbild des jeweils anderen. Doch wie ähnlich sind wir einander?

Merlin ist ein zwölf Tage alter Schimpanse. Seine natürliche Mutter hat ihn verstoßen, und so wird er nun von einer menschlichen Ersatzmutter aufgezogen. Ein neugeborener Schimpanse ist einem menschlichen Baby sehr ähnlich. In seinen ersten Lebenswochen zeigt Merlin all die Reflexe, die einer menschlichen Mutter mehr als vertraut sind. Er blickt seiner Adoptivmutter in die Augen, wie es auch ihr leibliches Kind tun würde. Er erwidert ihr Lächeln. Bei Schimpansen wie Menschen festigen diese Signale das Band der Liebe, das Mutter und Nachwuchs während einer langen Kindheit verbinden wird. Er reagiert auf den Klang ihrer Stimme. Offeriert man einem Baby, gleich ob Mensch oder Schimpanse, etwas, an dem es sich festhalten kann, greift es zu – mit Händen und mit Zehen. Wird er aufrecht gehalten, macht Merlin erste Gehversuche, wie es auch ein menschliches Baby tun würde. Legt man es nieder, würde auch ein Menschenkind wie Merlin mit beiden Händen in die Luft greifen – das Vermächtnis eines angeborenen Dranges, sich am Fell der Mutter festzuklammern.

Mit drei Monaten sind beide, Schimpansen- wie Menschenbabies, noch immer ziemlich hilflos, doch sie können bereits ihren Blick auf Gegenstände in ihrer Umgebung konzentrieren. Sie beginnen, danach zu greifen und mit ihrem Mund zu erforschen. In diesem Alter bestehen in ihren Fähigkeiten kaum Unterschiede. Wenn überhaupt, dann hat ein Schimpanse einen kleinen Vorsprung. Erst im Alter von einem Jahr fällt ein Schimpanse bei psychologischen Tests zurück, aber dennoch sind die Ähnlichkeiten zwischen Schimpansen und Menschen in diesen frühen Lebensmonaten erstaunlich. Warum sind wir einander so ähnlich? Und wie hat das alles begonnen?

Linke Seite:
Schimpansen teilen mit uns Menschen mehr als 98 Prozent des Erbmaterials.

Wir teilen mit Affen und Menschenaffen einen gemeinsamen Vorfahren. Er mag vielleicht so ähnlich ausgesehen haben wie ein Buschbaby, ein kleiner afrikanischer Halbaffe. Wie alle Primaten hat er nach vorne gerichtete Augen, und daher sieht er die Welt in drei Dimensionen. Das hilft ihm, bei der Jagd nach Insekten die Distanzen richtig abzuschätzen. Er hat lange Finger und einen abgesetzten Daumen – eine Greifhand, mit der er seine Beute gut fassen kann.

Die Koordination von Hand und Auge ist der Schlüssel zum Erfolg der Primaten, etwas, das wir Menschen mit allen unseren Affenverwandten teilen. Diese Fähigkeit erlaubt uns und ihnen, die delikatesten Aufgaben zu lösen – kleine junge Blätter von einem dornengespickten Ast zu pflücken oder sich die beste Frucht aus einer Traube von Feigen herauszupicken. Um das tun zu können, verfügen Primaten über eine weitere wichtige Fertigkeit – das Farbsehen. Manche Tiere sehen nur Grautöne, doch einem Affen erscheint eine reife rote Frucht wie ein Leuchtturm im grünen Meer des Waldes.

Alle Affen und Menschenaffen teilen mit uns das Talent, ihre Hände sehr präzise gebrauchen zu können – ob sie nun fressen oder das Fell eines Freundes von lästigen Parasiten befreien. Selbst die bananenartigen Finger eines Gorillas können eine bemerkenswerte Präzision erreichen. Doch die erstaunlichste Hand gehört – nomen est omen – dem Fingertier, einem primitiven Primaten aus Madagaskar. Das Fingertier frißt Maden und Larven, die sich ins Holz bohren. Es findet seine Beute, indem es mit seinem grotesk verlängerten Mittelfinger auf den Ast klopft und sich am Echo orientiert. Dieser außergewöhnliche Finger ist ein raffiniertes Universalwerkzeug – Klopfer, Sonde und Haken in einem –, das primatenhafte Gegenstück eines Schweizer Armeemessers. Er ist ohne Frage effizient, doch ihn zu gebrauchen, erfordert keine große Intelligenz.

Wenn man ohne ein solches Universalwerkzeug geboren wurde, muß man sich eines anfertigen – und das ist eine viel größere Herausforderung. Für Schimpansen sind Ameisen eine Delikatesse. Doch es ist nicht so einfach, sie aus ihrem Bau herauszuholen. Manche benutzen dazu einen Zweig, den sie für diesen Zweck speziell geformt haben, also ein Werkzeug. Lange Zeit dachten wir, daß nur wir Menschen Werkzeuge herstellen und gebrauchen können. Als wir diese Fertigkeit auch bei unseren Affenverwandten entdeckten, hat sich die Weise, wie wir über uns selbst denken, verändert. Wir müssen nun von neuem definieren, was uns zu Menschen macht. Und je mehr wir Schimpansen studieren, desto mehr finden wir heraus, daß ihr Anwendungsbereich für Werkzeuge noch viel mannigfaltiger ist, als wir vermutet haben.

An der Elfenbeinküste in Westafrika haben Schimpansen eine neuartige Methode für den Einsatz von Werkzeugen entwickelt. Sie knacken Nüsse mit einem Hammer und einem Amboß. Weichschalige Nüsse können sie mit einem hölzernen Hammer öffnen. Doch um die harten Nüsse zu knacken, brauchen sie einen Stein. Gute Steine sind hier ein rares Gut, und so tragen sie die Schimpansen mit sich herum. Mit Steinen Nüsse zu knacken, ist nicht so einfach, wie man meinen möchte. Ist der Schlag zu stark, ist nicht nur die Schale zerschmettert, sondern auch der Inhalt. Vielen von uns ist beim Öffnen einer Walnuß schon Ähnliches passiert.

Schimpansen geben Fertigkeiten wie das Knacken von Nüssen mit einem Stein oder die Einnahme von Heilpflanzen von einer Generation zur nächsten weiter. Das ist der Anfang von Kultur.

Nußknacken will also gelernt sein. Ein Schimpansenkind beginnt damit, daß es seiner Mutter dabei zusieht. Es kann sechs Jahre dauern, bis ein junger Schimpanse die Technik für sich selbst perfektioniert hat. Solche Fertigkeiten, die von Generation zu Generation weitergegeben wurden, sind der Anfang von Kultur.

Unterschiedliche Gesellschaften entwickeln unterschiedliche kulturelle Leistungen – nicht nur bei uns Menschen. In Tansania knacken Schimpansen keine Nüsse, obwohl in ihren Wäldern dieselben Bäume wachsen wie an der Elfenbeinküste. An den Ufern des Tanganyikasees haben sie ihre eigene Tradition: Sie lecken an Steinen. Doch nicht, um Salz zu bekommen – das Wasser des Sees ist süß –, vielmehr liefern ihnen die Steine Mineralien und Spurenelemente, von denen in ihrer Nahrung zu wenig enthalten sein mögen. Das könnte das primatenhafte Gegenstück zur Einnahme einer Multivitaminpille sein.

Und das ist erst der Anfang. Die Schimpansen haben hier die Kräuterheilkunde für sich entdeckt. Sie schälen die Rinde von einem Ast einer bestimmten Pflanzenart, um an das bittere Mark im Inneren zu gelangen. Das Mark hat keinen Nährwert. Die Schimpansen nehmen es ein, wenn sie krank sind, vor allem während der Regenzeit, wenn die Parasiten in ihrem Darm überhand nehmen. Die ansässigen Menschen verwenden dasselbe Mark, um Magenbeschwerden zu behandeln. Wie das Knacken von Nüssen mit einem Stein oder das Angeln nach Ameisen mit einem Zweig ist auch die Einnahme von Heilpflanzen eine Tradition, die erlernt werden muß und die – wie unsere eigenen kulturellen Leistungen – von einer Generation zur nächsten weitergegeben wird.

Wenn Menschenaffen mit Menschen in Kontakt kommen, kann man beobachten, wie schnell sie Gewohnheiten von ihnen übernehmen. Ein gutes Beispiel dafür ist eine Orang-Utan-Dame, die frei in den Wäldern von Borneo lebt, doch von Hand aufgezogen wurde und noch immer die Gesellschaft von Menschen sucht. Spontan kopiert sie die Handlungen ihrer Adoptivspezies – mit besonderer Vorliebe betätigt sie sich als Wäscherin. Ihr wurde niemals gelehrt, Wäsche zu waschen. In ihrem Alltag hat diese Tätigkeit natürlich keinen Wert, sie tut es aus »Spaß an der Freud'«. Dieser Drang, zu imitieren und zu manipulieren, spielte eine große Rolle in der Intelligenzentwicklung der Primaten. Doch wenn schon das Manipulieren von Objekten spezieller Fertigkeiten bedarf, um wieviel klüger muß man erst sein, will man andere Individuen manipulieren.

Wie wir Menschen sind auch Affen und Menschenaffen soziale Geschöpfe. In den afrikanischen Savannen als Gruppe zusammenzuleben, hat für Paviane große Vorteile. Es kann die Nahrungssuche erleichtern, doch das ist nur ein Teil der Geschichte. Paviane teilen das offene Grasland mit vielen unterschiedlichen Tieren. Manche sind völlig harmlos, andere möglicherweise tödlich. In einer Gruppe zusammenzuleben, bedeutet, daß mehr Augenpaare nach Gefahr Ausschau halten. Ein einzelner Affe könnte einem Geparden nicht entkommen, doch ihre in der Gruppe vereinigten Kräfte geben den Pavianen die Sicherheit, sich sogar in nächster Nähe der Raubkatzen aufzuhalten. Mit vielen anderen in einer Gruppe zusammenzuleben, ist also sicherer, bringt für den einzelnen aber auch Probleme mit sich, beispielsweise erhöhte Konkurrenz.

Pavianverbände sind hierarchisch organisiert, und die Position in dieser Hierarchie regelt den Zugang zu Nahrung und möglichen Geschlechtspartnern. Wie in menschlichen Gesellschaften gilt auch bei Pavianen: Zu wissen, wer wer ist, und die richtigen Freunde zu finden, zahlt sich im späteren Leben aus. »Ich kratze deinen Rücken, und du kratzt meinen« kann mehr als nur sprichwörtliche Bedeutung haben. Ein heranwachsender Pavian muß sich auf seinem Platz in der Gesellschaft etablieren. Er muß die Regeln des Spiels lernen und wissen, wie es zu spielen ist. Für die Männchen ist es am härtesten. Sie wechseln in ihrem Leben oft die Gruppe und werden dabei immer wieder mit der Herausforderung konfrontiert, ihren eigenen Weg in einer neuen Gesellschaft zu gehen. Wie wir Menschen haben auch Paviane sehr unterschiedliche Persönlichkeiten. Alle haben ihre eigene Methode, Freunde zu finden und andere Gruppenmitglieder zu beeinflussen. Für einen männlichen Pavian kann seine Persönlichkeit der entscheidende Faktor für den Lebenserfolg sein.

Charaktergegensätze kommen in Momenten großer Spannung zum Vorschein. Manche Männchen bleiben kühl und ruhig. Andere sind höchst erregt und reagieren auf die geringste Provokation mit aggressivem Verhalten. Doch aggressives Verhalten fordert von hyperaktiven

Wie Menschen haben auch Paviane sehr unterschiedliche Persönlichkeiten. Doch so friedvoll wie auf diesem Bild geht es unter ihnen nur selten zu.

Männchen hohen Tribut, ob sie nun verlieren oder gewinnen. Wissenschaftler haben entdeckt, daß das Blut von Pavianen, die auf die kleinste Provokation aggressiv reagieren, einen hohen Spiegel von adrenalinen Streßhormonen aufweist. Dasselbe gilt übrigens für Menschen, auch bei uns sind cholerische Persönlichkeiten viel streßanfälliger. Je intensiver wir Paviane studieren, desto mehr verstehen wir, wie wichtig individuelle Persönlichkeitsunterschiede sind. Aggressivität ist nicht notwendigerweise der beste Weg an die Spitze der Gesellschaft. Ein Männchen, das ruhig und selbstsicher ist und nur kämpft, wenn es sein muß, ist langfristig gesehen oftmals erfolgreicher.

Man möchte meinen, daß das Gemeinleben der Paviane schon stressig genug ist. Doch dann kennt man das japanische Affenleben nicht: An einigen Plätzen werden Japanmakaken als Attraktion für Touristen täglich gefüttert. Vom Zwang befreit, für sich selbst zu sorgen, hat ihre Gemeinschaft eine Bevölkerungsexplosion ungeahnten Ausmaßes erlebt. Ihre Horden zählen mehr als 1.000 Affen. Die natürliche Gruppengröße beträgt etwa 40 Tiere. Man ist versucht, diese Massenansammlung von Makaken mit den Menschen in einer Stadt zu vergleichen. Auch wir leben in Gruppen, die viel größer sind als die unserer Jäger- und Sammlervorfahren. Zumindest für Affen ist das Leben in einem solchen Gedränge überaus anstrengend. Man kann nicht jedes Mitglied dieser riesigen Gruppe persönlich kennen. Man ist von Fremden umgeben. Und man kann am hellichten Tag überfallen werden, und niemand kommt einem zur Hilfe. Doch wie groß die Gefahren auch sein mögen, der Wohlstand, den sie durch die tägliche Fütterung erzielen, ist unwiderstehlich. Die Straßen der Stadt sind mit Gold gepflastert.

Folgende Doppelseite: ***Rotgesichtsmakaken in Japan – durch die regelmäßige Fütterung haben sie eine Bevölkerungsexplosion erlebt und zeigen ein ähnliches Verhalten wie Großstadtmenschen.***

Wie also wird man damit fertig, mitten in einer solchen Affenmenge zu leben? Eine weise Lösung ist, es zu vermeiden, mit Fremden zu sprechen oder ihnen gar in die Augen zu blicken. Jeder Affe frißt so schnell wie nur möglich und fixiert dabei seinen Blick ausschließlich auf den Boden. Um ein gutes Sozialleben im Großstadtdschungel zu führen, haben diese Makaken dieselbe Strategie entwickelt, die auch wir Stadtmenschen anwenden. Wir beschränken Kontakte auf eine kleine Gruppe von Familienmitgliedern und Freunden. Bei diesen Makaken ist es genauso, ihr Familien- und Freundeskreis zählt etwa 40 Tiere.

Natürlich können wir uns auch als Teil einer größeren Gruppe fühlen, selbst wenn wir nicht jeden einzelnen davon kennen. Und trotz der enormen Streßbelastung kann auch die riesige Affenhorde als Einheit agieren. Nachdem sie eine Weile gefressen haben, ziehen die Affen weiter. Und dann nimmt eine andere Makakenhorde ihren Platz ein. Drei verschiedene Gruppen teilen sich diese Fütterungsstelle, sie lösen sich nach einem vorgegebenem Muster ab – wie Fabriksarbeiter beim Schichtwechsel. Jede dieser riesigen Gruppen kennt ihre Zeit, ihren Status. Sie funktioniert noch immer als Einheit, auch wenn es nicht mehr als eine gemeinsame Routine ist, die sie zusammenhält.

Primaten- und Menschengruppen ähneln einander in vielerlei Hinsicht, doch man darf die Parallelen nicht zu weit treiben. Auf der Ebene des Individuums gibt es viele Unterschiede, liegen Welten dazwischen. Die mentalen Fähigkeiten eines Affen sind nur ein matter Abglanz unserer eigenen. Wenn wir uns in einem Spiegel betrachten, erkennen wir unser Spiegelbild. Ein Makak sieht einen anderen Makaken und versucht, ihn zu beißen. Egal wie lange der Spiegel vor ihm steht, er wird nie lernen, sein eigenes Spiegelbild zu erkennen.

Doch was passiert mit einem Schimpansen? Kann er diesen gigantischen intellektuellen Schritt zur Selbsterkenntnis tun? Wird er begreifen, daß das Bild im Spiegel sein eigenes ist? Zuerst zeigt er die gleiche Reaktion wie der Makak. Er behandelt sein Spiegelbild wie einen anderen Schimpansen, droht ihm oder lädt ihn zum Spielen ein. Doch dann geschieht etwas Außergewöhnliches – das Dämmern der Erkenntnis. Dieser Prozeß der Selbsterkenntnis läuft bei Schimpansen genau so ab, wie ihn auch unsere eigenen Kinder erleben. Wir können uns selbst nicht im Spiegel erkennen, bevor wir eineinhalb oder zwei Jahre alt sind. Doch dann beginnen wir zu verstehen, unser eigenes Spiegelbild zu erkennen und unseren eigenen Körper zu erforschen – auf dieselbe Weise wie ein Schimpanse.

Nur wir und die großen Menschenaffen teilen diese Fähigkeit, das eigene Spiegelbild zu erkennen. Das bedeutet, daß wir beide, Mensch und Menschenaffe, ein Ich-Bewußtsein haben, eine Vorstellung davon, wer wir sind. Doch wie weit können wir in den Geist eines Menschenaffen vordringen? Wie weit können wir enträtseln, nicht nur was er tut, sondern was er denkt? Wenn Schimpansen verstehen können, wer sie sind, können sie sich auch in die Gedankenwelt eines anderen hineinversetzen und sie verstehen?

Genau das versuchen einige Forscherteams experimentell zu beweisen. Ein Teammitglied stülpt sich einen Eimer über den Kopf. Ein anderes versteckt einen Keks. Die Schimpansin Kara

Die Engländerin Jane Goodall studiert seit 35 Jahren das Verhalten von Schimpansen in freier Wildbahn.

muß jemanden finden, der ihr zeigt, wo der Keks ist. Begreift sie, daß der Mann mit dem Eimer über dem Kopf nicht wissen kann, wo der Keks versteckt ist? Dreijährige Kinder können diese Aufgabe nicht lösen, vierjährige lösen sie immer. Schimpansen finden die richtige Person in ungefähr zwei von drei Fällen. Ein anderer Test: Kann ein Schimpanse die Absicht eines anderen verstehen? Zwei Personen könnten Kara ihren Orangensaft geben. Der eine verschüttet den Saft zufällig. Der andere gießt den Saft vorsätzlich auf den Boden. Nun muß Kara wählen. Begreift sie, daß der eine den Saft absichtlich, der andere durch ein Mißgeschick verschüttet hat? Nicht immer, aber mit der Zeit immer öfter wählt sie die richtige Person aus.

Solche Experimente beginnen zu enthüllen, wie der Geist eines Schimpansen arbeitet. Und je mehr man sie in freier Wildbahn studiert, desto mehr erscheinen sie als Ränke schmiedende, politische Tiere, die sehr wohl imstande sind, das Verhalten und die Absichten anderer zu beeinflussen – eine Einsicht, die vor allem der englischen Naturforscherin Jane Goodall zu verdanken ist, die seit 35 Jahren ein und dieselbe Schimpansenfamilie im Gombe-Nationalpark von Tansania studiert.

Lange Zeit dachten wir, daß die Schimpansen unsere nächsten Verwandten sind. Für so viele ihrer Verhaltensweisen gibt es Parallelen in unserer eigenen Gesellschaft. Doch es gibt noch andere Menschenaffen, die uns vielleicht noch näher stehen. Sie leben in den abgelegenen Wäldern im Herzen Zaïres. Sie sind nur wenig bekannt und wurden erst von wenigen Menschen gesehen. Es sind die Bonobos, die Zwergschimpansen. Obwohl sie Zwergschimpansen genannt werden, sind sie nicht bloß eine Miniaturausgabe des – zoologisch ausgedrückt – »Gemeinen«

Schimpansen. Sie sind eine eigene Spezies. Bonobos sind fast genauso groß wie Gemeine Schimpansen, doch haben sie einen völlig anderen Körperbau. Sie sind schlanker, und ihre Beine sind fast ebenso lang wie ihre Arme. Wenngleich sie gewöhnlich nicht auf zwei Beinen gehen, stehen sie oft aufrecht, um sich umzusehen. Ihr Gesicht ist viel flacher als das eines Schimpansen. Im großen und ganzen sind sie den frühesten menschlichen Vorfahren nicht unähnlich. Doch was am meisten beeindruckt, ist ihr Blick: Sie sehen einander immer geradewegs in die Augen, ja sie suchen förmlich den direkten Blickkontakt.

Bonobos haben gut entwickelte Persönlichkeiten. Die einzelnen Individuen unterscheiden sich voneinander fast ebenso stark, wie es bei uns Menschen der Fall ist. Diese Individualität spiegelt sich auch in ihrer Gesellschaft wider. Sie ist viel friedvoller und harmonischer als die von gewöhnlichen Schimpansen. Freundschaften gibt es zwischen Männchen wie Weibchen, Jungen wie Alten. Manche Gruppen werden von Männchen angeführt, andere von einem reifen Weibchen.

Doch die Bonobo-Gesellschaft ist kein Affen-Paradies. Auch unter den Zwergschimpansen entstehen Spannungen. Äste durch die Gegend zu schleppen, ist eine Methode, mit der die Männchen Dampf ablassen oder anderen Gruppenmitgliedern drohen. Um Konflikte zu entschärfen, greifen die Zwergschimpansen aber zu einem besonders bevorzugten Mittel: Sex. Sogar ausgeprägter als bei uns Menschen, ist Sex für Bonobos viel mehr als bloß ein Mittel zur Fortpflanzung. Sex ist der soziale Kitt der Bonobo-Gesellschaft. Sie tun es, wenn sie nervös sind, wenn sie aufgeregt sind, wenn sie am Morgen aufstehen – fast zu jeder Gelegenheit.

Bei den meisten Primaten paaren sich die Weibchen jeden Monat nur wenige Tage lang. Sie signalisieren ihre Empfängnisbereitschaft mit angeschwollenem Genitalbereich. Bei Zwergschimpansinnen bleiben die Genitalien fast ununterbrochen angeschwollen – ein ständiger Hinweis auf ihre Paarungswilligkeit. Nur wir Menschen zeigen dieselbe Neigung, uns in jeder Phase des weiblichen Sexualzyklus zu paaren.

Bei den Bonobos tut es scheinbar jeder mit jedem. Weibchen kopulieren mit Weibchen, Männchen mit Männchen – ein Widerschein des komplexen freundschaftlichen Beziehungsgeflechts innerhalb der Gruppe. Sogar der Nachwuchs nimmt am Gruppensex teil. Sex ist in der Gesellschaft der Bonobos so wichtig, daß Mütter manchmal sogar ihre eigenen Kinder in die Kunst der geschlechtlichen Liebe einweihen. Das einzige Tabu besteht zwischen Müttern und Söhnen im Alter von über sechs Jahren.

Sex ist für einen Zwergschimpansen ein natürlicher Teil seiner Kindheit. Er verschmilzt unmerklich mit elterlicher Fürsorge, mit Spiel, mit all den anderen Elementen des Aufwachsens. Bonobos sind einzigartig in ihrem Gebrauch von Sex als die verbindende Kraft in der Gesellschaft. Sie haben ihre Sexualität viel stärker vom reinen Akt der Fortpflanzung getrennt, als selbst wir das getan haben. Sie setzen auf Sex, um einander zu grüßen, einen Streit beizulegen, einander zu versöhnen und zu beruhigen und Beziehungen aller Art zu vertiefen. Sex ist in der Zwergschimpansen-Gesellschaft aber auch ein friedenstiftendes Element: Anders als bei Gemeinen Schimpansen wurde bei Bonobos noch nie beobachtet, daß sie einen Artgenossen

Die Bonobos, die Zwergschimpansen aus Zaïre, sind mit uns wahrscheinlich noch näher verwandt als die Gemeinen Schimpansen.

töten. Bonobos leben die alte Hippie-Devise »Make love not war«, und anders als wir sind sie tatsächlich konsequent – sie sind die Affen, die Liebe machen und nicht Krieg.

Zwergschimpansen gehören mit ihren größeren Namensvettern zu den intelligentesten aller Primaten, auch in dieser Beziehung sind sie uns vielleicht am nächsten. Nicht länger können wir uns als einen Sonderfall der Schöpfung betrachten. Die alten Grenzen, die alten Unterscheidungen beginnen zu zerbröckeln. Doch was ist mit der letzten Bastion des zutiefst Menschlichen, der Sprache?

An der Georgia State University in Atlanta, USA, lebt ein Bonobo, der in Sachen Sprache ein genialer Affe ist. Sein Name ist Kanzi. Seit er klein war, ist das gesprochene Wort Teil seines Alltags. Er wuchs mit Sprache auf wie ein menschliches Kind. Bonobos können aufgrund ihres Kehlkopfes den Klang der menschlichen Stimme nicht hervorbringen. Selbst wenn sie verstehen, was wir sagen, können sie nicht antworten. Doch Kanzi hat gelernt, über eine Symboltastatur zu sprechen. Jedes der 256 abstrakten Symbole steht für ein Wort. Drückt Kanzi auf ein Symbol, spricht eine Computerstimme das Wort aus.

Bei den Tests, die seine Wissenschaftler mit ihm machen, tritt sein Sprachgenie klar zutage: Über Kopfhörer hört er ein Wort, das er über die Tastatur »nachsprechen« soll. Er irrt sich dabei niemals. Kanzi kann also zumindest Symbole mit Wörtern verbinden. Doch versteht er, was sie

Das Sprachgenie Kanzi – der Bonobo hat gelernt, über Computertastatur und Sprachsynthesizer mit seinen menschlichen Begleitern zu kommunizieren.

bedeuten? Und wie man sie verbindet und ihnen so unterschiedliche Bedeutungen gibt? Um das herauszufinden, setzt sich seine Betreuerin eine Schweißermaske auf, damit Kanzi keine Hinweise aus dem Gesicht der Forscherin ablesen kann. Und dann gibt sie ihm Befehle, etwa: »Bring den Staubsauger nach draußen«. Ohne lange zu zögern, führt er die Bitte aus. Fehler macht er so gut wie keinen. Er versteht also tatsächlich, was ihm gesagt wird. Kanzi beweist, daß Menschenaffen die mentalen Fähigkeiten haben, die Grundlagen der Sprache zu erfassen. Doch wie kommunizieren Zwergschimpansen in freier Wildbahn untereinander? Wie nutzen sie ihr Sprachtalent?

Wie wir haben auch Bonobos ein vollständiges Repertoire an emotionalen Lauten – das Gegenstück zu unserem Schreien, Kreischen oder Wimmern. Sie haben auch eine ganze Reihe von entspannteren Tönen, eine Menge verschiedener Quietsch- und Grunzlaute. Sie können sie sogar bei geschlossenem Mund ertönen lassen – und auch beim Fressen mit vollem Mund. Bonobos sind viel stimmbegabter als alle anderen Menschenaffen. Wir wissen nicht, was diese Laute bedeuten, aber es klingt fast so, als ob sie miteinander sprechen. Können wir uns so den Anfang der menschlichen Sprachentwicklung vorstellen? Wie groß die Versuchung auch sein mag, darüber zu spekulieren, wir wissen es einfach nicht.

Die Schimpansen sind unsere nächsten lebenden Verwandten. Sie teilen mit uns mehr als 98 Prozent unserer Erbinformation. Sie sind mit uns näher verwandt als mit Gorillas und Orang-Utans. Und die Bonobos, die Zwergschimpansen, sind uns in vielerlei Hinsicht so ähnlich, daß manche Wissenschaftler glauben, unser Stammbaum sollte neu gezeichnet werden.

Das Studium unserer Primatenverwandten hat neues Licht auf den Ursprung unserer eigenen Fähigkeiten geworfen. Und es hat auch die Art und Weise geändert, wie wir über sie denken. Wir haben ihre mentalen Leistungen neu zu respektieren gelernt. Natürlich komponiert kein anderer Primat Symphonien, schickt Raketen zum Mond oder benutzt gar Sprache wie ein menschliches Kind. Doch die alten Unterscheidungen fallen eine nach der anderen in sich zusammen. Menschenaffen können Werkzeuge herstellen und gebrauchen. Sie besitzen die Grundlagen von Kultur. Sie sind sich ihrer selbst bewußt und können sich auch in die Gedankenwelt anderer hineinversetzen.

Auf ihre eigene Art sind sie intelligente, kultivierte Individuen. Und sie halten unserem Verstand ein fernes Spiegelbild vors Gesicht. Der Affe im Spiegel sind wir!

DER AFFE IM SPIEGEL

Eine Produktion der BBC in Zusammenarbeit mit ORF und Thirteen/WNET-New York

Regie: Karen Bass; Buch: Pelham Aldrich-Blake; Deutsche Bearbeitung: Walter Köhler

Zweites Kapitel

Hawaii – Aus Feuer geboren

Hunderte Meter hoch schleudert der Vulkan seine glühende Lava in den Himmel. Das Donnergrollen der Eruption ist kilometerweit zu hören. Langsam, aber unaufhaltsam schiebt sich eine alles vernichtende Feuerwand in Richtung Meer. Wenn der Spuk vorbei ist, ziehen Dampfschwaden über das verbrannte Land, und es riecht nach Schwefel. Doch die glühend heiße Lava bedeutet nicht nur Zerstörung und Tod, denn Hawaii ist aus Feuer geboren.

Die Ureinwohner Hawaiis glaubten, Pele, die Göttin des Feuers, wäre entstanden, als sich Himmel und Erde vereinigten. Sie ist gewalttätig und unnachsichtig in ihrem Zorn, alles was sich ihr in den Weg stellt, wird zerstört. Selbst Wissenschaftler, die auf Hawaii Vulkane studieren, sprechen ihren Namen mit Ehrfurcht aus. Denn die Lava, die Pele noch immer nach oben schickt, erlaubt einen Blick in das Innere der Erde – in ein Inferno, das sich seit der Entstehung unseres Planeten vor mehr als vier Milliarden Jahren kaum verändert hat.

Unzählige Wissenschaftler kommen jedes Jahr nach Hawaii, um am Kilauea, dem aktivsten Vulkan der Erde, die Geheimnisse des Erdinneren zu studieren. Doch einige sind hier einer Geschichte auf der Spur, die so alt ist wie die Erde selbst: Sie interessieren sich für die Entstehung neuer Inseln und der Besiedelung dieses unwirtlichen Neulandes. Hier, mitten im Pazifischen Ozean, kann man all das sozusagen über Nacht beobachten. Wie in einem riesigen natürlichen Labor können die Wissenschaftler auf Hawaii das Wechselspiel von Entstehen und Vergehen studieren. Obwohl ein erst vor kurzem verkrusteter Lavastrom wohl das jüngste und lebensfeindlichste Stück Land auf der Erde ist, kann man überall erste Spuren von Leben entdecken. Altes Land wird verbrannt und verschüttet, neues Land entsteht. Und schneller als irgendwo sonst auf der Erde wachsen Pflanzen aus den Überresten der Zerstörung. Dieses Spiel von Vernichtung und Wiedergeburt begann vor mehr als 70 Millionen Jahren, als die erste Insel Hawaiis feuerspeiend aus den Fluten des Pazifik auftauchte.

Die Inseln des Hawaii-Archipels sind der abgeschiedenste Ort der Welt – das nächste Festland ist fast 4.000 Kilometer entfernt. Obwohl es im Feuergürtel rund um den Pazifik Hunderte

Linke Seite:
Der Kilauea gilt als aktivster Feuerspeier der Welt. Seit 1983 bricht der kleinste der hawaiianischen Vulkane nahezu ohne Unterbrechung aus einer Vielzahl von Kratern und Spalten aus.

aktive Vulkane gibt, sind die Feuerberge Hawaiis einzigartig. Bis heute weiß man nicht genau, welche Kräfte die Inseln mitten im Ozean entstehen ließen, aber eine Theorie besagt, daß Blasen superheißen Gesteins langsam durch den Mantel der Erde aufsteigen. In mehr als 1.500 Kilometer Tiefe, direkt unter Big Island, der größten Insel Hawaiis, liegt ein Herd dieses superheißen Gesteins – ein sogenannter »Hot Spot«. Was diesen Mechanismus über Millionen von Jahren antreibt, darüber gibt es bisher nur Spekulationen. Kommt die Hitze aus dem Kern der Erde, oder ist Radioaktivität dafür verantwortlich? Sicher ist nur eines: Durch die enorme Hitze steigt das geschmolzene Gestein, das Magma, Jahr für Jahr ein paar Zentimeter nach oben. An der Erdoberfläche angelangt, schmilzt es die Erdkruste. Unter gewaltigem Getöse wird eine neue Insel geboren.

Der Mauna Loa ist der größte Vulkan der Erde. Neben diesem Riesen verschwindet der Kilauea geradezu. Doch der kleinere der beiden Vulkane ist der aktivere. Seit 1983 bricht der Kilauea nahezu ohne Unterbrechung aus einer Vielzahl von Kratern und Spalten aus. Der immense Druck im Inneren des Vulkans schleudert die Lava in gewaltigen Fontänen in die Luft. Das heiße Gestein formt rotglühende Hügel. Wenn die Fontänen versiegen, ist der Ausbruch noch lange nicht vorüber. Mitten in diesem rauchenden Berg brodelt ein See aus glühender Lava, auf dem wie eine Eisscholle ein Stück erstarrten Gesteins treibt. Dieser See wird aus den Tiefen der Erde ständig mit neuer, kochend heißer Lava gespeist. Läuft der See über, dann schmilzt die Lava das darunter liegende Gestein und läßt Kanäle entstehen. Langsam beginnt sich an den Rändern dieser glühenden Sturzbäche ein Dach zu formen, und schon bald ist der siedend heiße Strom verschwunden. Die Lava kann kilometerweit unter dem erstarrten Gestein dahinfließen, nur hin und wieder ist sie durch ein sogenanntes »Skylight« an der Oberfläche zu erkennen.

Der Kilauea ist unter ständiger wissenschaftlicher Beobachtung. Mike Garcia von der Universität Hawaii zieht für chemische Analysen Lavaproben aus dem glühenden Strom. »Hier draußen am Kilauea«, sagt Garcia, »können wir das jüngste Land der Erde sehen. Der Grund für unser Forschungsprogramm, das wir jetzt schon seit mehr als acht Jahren durchführen, ist herauszufinden, wie das Magma im Vulkan wandert.« Die Probenentnahme aus einem aktiven Vulkan ist eine riskante Sache, am Kilauea kommt man dabei der Feuergöttin Pele gefährlich nahe. Die Lava hat mehr als 1.000 Grad Celsius. Direkt daneben fühlt man sich wie neben einem Hochofen.

Mike Garcia nennt seine Methode »fischen«. Er wirft eine alte Kette mit einem quadratischen Stahlbehälter in den Lavafluß. Der Behälter, der wie eine alte Kaffeedose aussieht, soll im glühenden Strom untergehen. Die feurige Lava zerrt wie ein riesiger Fisch an Dose und Kette. Der Geologe hat bei diesem Kampf schon einige seiner selbstgemachten »Lava-Angeln« verloren. Die Lava, die er aus dem Strom zieht, ist sehr heiß. Seit sie aus dem Inneren der Erde aufgestiegen ist, hat sie sich also kaum abgekühlt. Die Probe wird mit Wasser abgeschreckt, und Mike Garcia kann sie schon nach wenigen Minuten weiter bearbeiten: »Durch das Abschrecken

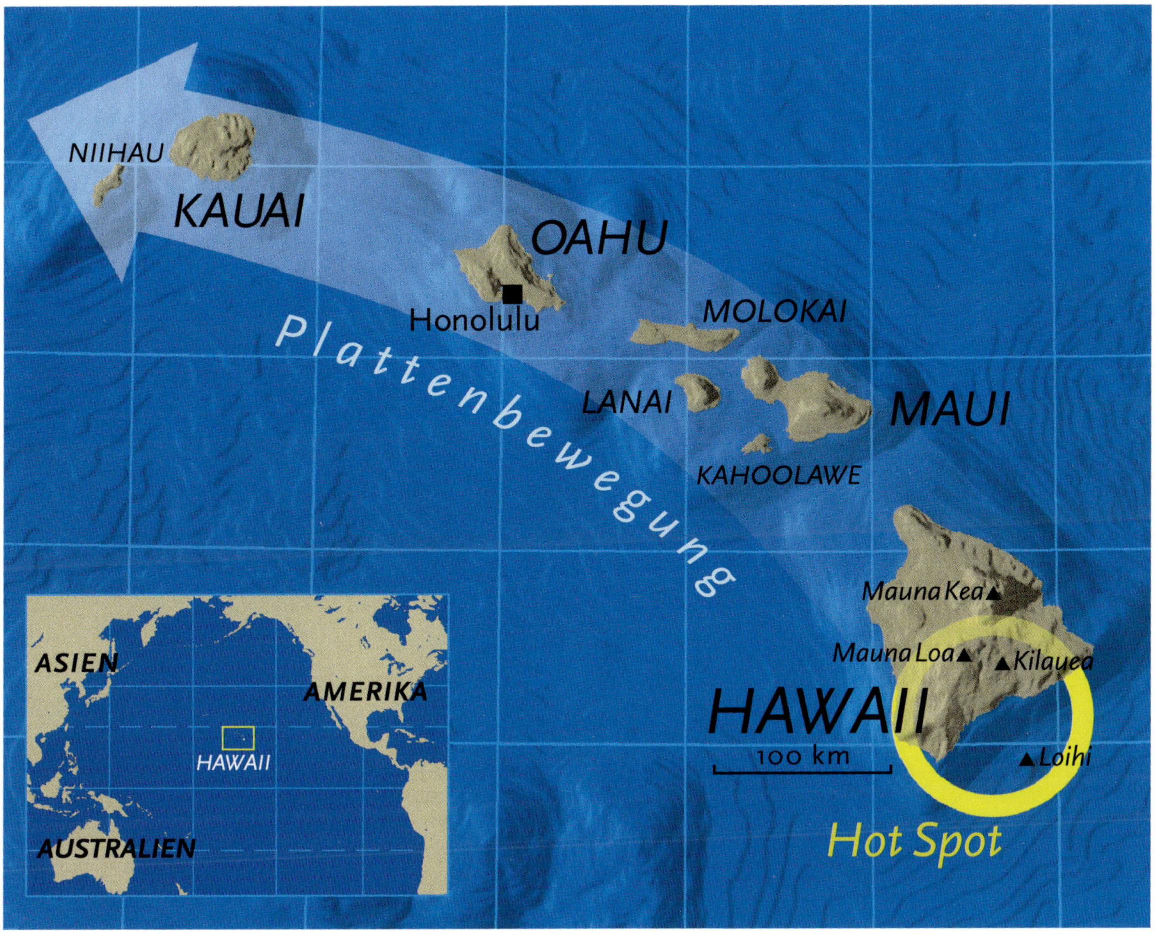

der Lava frieren wir das Gestein in seiner jetzigen Form ein. Wenn wir das nicht täten, dann würde sich die Lava langsam verändern. So aber erhalten wir eine Momentaufnahme des geschmolzenen Gesteins.«

Garcia fand durch solche Forschungen heraus, daß die Lava weit verzweigte Tunnel und Kanäle unter dem Kilauea passiert. Und er widerlegte die alte Theorie, daß der Kilauea nur ein Nebenkrater des großen Mauna Loa ist: »Früher glaubte man, der Mauna Loa und der Kilauea wären verbunden. Als wir uns die Lava von beiden Vulkanen genauer angesehen haben, zeigte sich, daß ihre Zusammensetzung ziemlich verschieden ist. Jeder Vulkan hat sein unverwechselbares chemisches Muster. Es scheint auch, daß die beiden schon seit langer Zeit getrennt sind. Das heißt, das Magma dieser beiden Vulkane gelangt auf unterschiedlichen Wegen nach oben.«

Der Mauna Loa durchbrach vor rund einer halben Million Jahren die Oberfläche des Pazifik. Vor rund 200.000 Jahren tauchte dann der Kilauea aus den Fluten auf. Alle Vulkane Hawaiis entstanden auf diese Weise, doch mit Ausnahme jener auf Big Island sind alle erloschen. Lange Zeit wußte niemand warum, doch dann wurde klar, daß die Geburt und das Erlöschen der Vulkane nur ein winziger Teil eines riesigen Puzzles ist. Die Wissenschaftler fanden heraus, daß sich der Boden des Pazifischen Ozeans, aus dem die Inseln emporwuchsen, bewegt. Er ist einer

Folgende Doppelseite:
Oft fließt die Lava des Kilauea in weit verzweigten Tunneln unter dem erstarrten Gestein dahin und ist nur manchmal durch ein »Skylight« von der Oberfläche aus zu erkennen.

von ungefähr 20 riesigen Stücken der Erdkruste, den sogenannten »tektonischen Platten«. Die Pazifische Platte wandert mit einer Geschwindigkeit von ungefähr neun Zentimetern pro Jahr über den fixen Hot Spot von Hawaii. Und solange die Platte weiterwandert, werden an dieser Stelle der Platte Vulkane entstehen. Seit rund 70 Millionen Jahren wandert die Platte nun über den Hot Spot, alte Vulkane bleiben zurück, und neue werden gebildet. Die alten Vulkane erlöschen, Wind und Wasser tragen sie ab, und die meisten verschwinden gar wieder im Meer. Diese Vulkane bilden nun im Pazifik eine Gebirgskette von mehr als 6.000 Kilometer Länge mit dem Big Island von Hawaii an ihrer südlichen Spitze.

Doch unter Wasser werden noch immer neue Vulkane geboren. Östlich von Big Island wächst ein neuer Vulkan heran – Loihi. Das jüngste Kind der Feuergöttin Pele ist noch rund 1.000 Meter unter dem Meeresspiegel, doch 3.000 Meter hat der Babyvulkan auf seinem Weg nach oben schon zurückgelegt. Im Schatten Mauna Loas machen sich Forscher der Universität Hawaii bereit, um zum Loihi vorzudringen. Das Forschungsschiff »Kila« schleppt das Unterseeboot der Universität rund 20 Kilometer vor die Küste Big Islands. Alexander Malahoff leitet die Untersuchungen am jüngsten Mitglied der hawaiianischen Vulkanfamilie. Steil und zerklüftet sind die Hänge des unterseeischen Feuerbergs. Malahoff ist selbst nach seinem 35. Tauchgang noch fasziniert: »Loihi wächst hier wahrscheinlich schon seit 100.000 Jahren heran. Der Vulkan ist unsere Chance, die Jugendjahre einer hawaiianischen Insel zu untersuchen. Wir können die Prozesse, die eine Inseln formen, direkt beobachten.«

Loihi wurde 1951 entdeckt und galt damals als alter, erloschener Vulkan. Doch 1970 wurden hier Erdbeben und somit eindeutige Zeichen vulkanischer Aktivität registriert. Aber erst zehn Jahre später, als Malahoff die ersten Kameras zum Gipfel hinunterließ, entdeckte er Heißwasserschlote und stellte fest, daß Loihi ein aktiver Vulkan ist. Eine Magmakammer heizt das Gestein an der Spitze des Loihi auf, und die wiederum erwärmt das nahezu null Grad kalte Tiefenwasser auf 90 Grad Celsius. Das warme Wasser löst Minerale aus dem vulkanischen Gestein und bildet rauchfangartige Gebilde. Der Gipfel des Vulkans ist eine lebensfeindliche Wüste. Nur gelbbraune Bakterienkolonien überziehen das Geröll. »Wir erforschen hier die Grenzen von Mutter Erde«, sagt Malahoff. »In vielen Fällen sind wir die ersten Menschen, die einen bestimmten Stein, eine Landschaft oder ein ganz spezielles Tier gesehen haben.«

Gesteinsproben vom Loihi zeigten, daß er ein eigenständiger Vulkan ohne Verbindung zu den Vulkanen an Land ist. Der Hot Spot beliefert also mehrere voneinander unabhängige Magmasysteme – eines für den Mauna Loa, eines für den Kilauea und eines für den Loihi. Obwohl sein Magma durch ein eigenständiges System nach oben dringt, ist der Loihi doch genauso wie die anderen Vulkane aufgebaut. Nur rund 45 Meter unter dem Gipfel liegt ein Reservoir mit heißem Magma. Wenn zusätzliches Magma in diese Kammer gepumpt wird, dann kann der Vulkan in drei Tagen um bis zu 30 Zentimeter wachsen. Und wenn der Druck weiter ansteigt, gibt es ganz wie beim Kilauea an der Spitze oder entlang eines der großen Abhänge des Vulkans eine Eruption. Bis jetzt konnte noch kein Ausbruch des Loihi beobachtet werden, aber

Wo die Lava des Kilauea ins Meer fließt, entsteht neues Land. Hier können Wissenschaftler rekonstruieren, wie die hawaiianischen Inseln in grauer Vorzeit aus dem Meer stiegen und von Lebewesen besiedelt wurden.

Alexander Malahoff ist sich sicher, daß das nur noch eine Frage der Zeit ist. Loihi ist ein sehr aktiver Vulkan. Wenn er in einigen tausend Jahren feuerspeiend aus dem Meer auftaucht, wird das ein gewaltiges Schauspiel sein.

Welche Kräfte bei einem Vulkanausbruch am Werk sind, kann man vor der Küste Big Islands beobachten. Dort fließt die Lava des Kilauea ins Meer. Sobald sich ein Vulkan der Wasseroberfläche nähert, wird sein Gipfel zum unwiderstehlichen Anziehungspunkt vieler Pflanzen- und Tierarten. Eier und Larven von Fischen, Korallen und Krustentieren werden von der Meeresströmung angeschwemmt. Sobald sich eine Tierart angesiedelt hat, dauert es nicht mehr lange, bis andere folgen. Hier kann die Wissenschaft rekonstruieren, wie in grauer Vorzeit die hawaiianischen Inseln aus dem Meer stiegen.

In einem urzeitlichen Akt der Schöpfung durchbrach damals die Lava den Meeresspiegel und erschuf eine neue Insel. Zu Beginn war das Land unwirtlich und leer, ein Stück toter Stein mitten im Ozean. Doch als die Insel weiterwuchs, entstanden auf engstem Raum fast alle Klimazonen, die auf der Erde zu finden sind. Auf den mehr als 4.000 Meter hohen Bergen ist es bis heute so kalt wie in den Alpen. Etwas tiefer, fast ständig in Wolken gehüllt, liegt das feuchte Hochland. Jede Klimazone war ein unbeschriebenes Blatt, und jedes Lebewesen, das hier ankam, hatte die Chance eines Neubeginns. Von den eben erst erstarrten Lavafeldern bis hin zum schwarzen Sandstrand an der Küste gab es Neuland, das es zu erobern galt.

Vögel waren unter den ersten Siedlern, viele waren vom Kurs abgekommen und fanden hier eine neue Heimat. Jeder dieser Vögel brachte Dutzende Samenarten und andere blinde Passa-

Vorhergehende Doppelseite: ***Rotglühend fließt ein Lavastrom des Kilauea ins Meer. In der Schmelze eingeschlossene Gase machen sich explosionsartig Luft, bevor das Magma vom Meer gelöscht wird und erstarrt.***

giere mit. Drei Viertel aller Pflanzen Hawaiis wurden auf diesem Weg ins Land geschmuggelt. Der Rest wurde vom Wind hierher geweht oder angeschwemmt. War es schon schwierig, Hawaii zu erreichen, so war hier zu überleben eine fast unlösbare Aufgabe. Vögel mochten Samen bringen, aber wie sollten diese Samen ohne Erde keimen? Und ohne Pflanzen gibt es auch für Tiere kein Überleben. Wissenschaftler haben es ausgerechnet: Nur alle 50.000 Jahre schaffte es ein Einwanderer, hier seßhaft zu werden.

Die ersten Siedler waren wahrscheinlich Flechten. Wie ein grauer Teppich überzogen sie die Felsen, zum Überleben brauchen diese Pioniere kaum mehr als Sonne, Feuchtigkeit und Luft. Weitere Vorreiter auf dem verbranntem Land waren Farne. Mag die Lava noch so zerstörerisch gewütet haben, nach wenigen Jahren haben Farne das Land mit hellem Grün überzogen. Wenn Flechten und Farne absterben, vermischt sich das organische Material mit kleinen Lavastückchen, und einer der fruchtbarsten Böden der Erde entsteht. Dann nimmt der Wald das Land in Besitz. Er verbessert nicht nur die Bodenqualität, sondern speichert auch das Regenwasser.

Auf der Windseite Big Islands bringt der Monsun schwere Regenwolken. In einem steten, feinen Sprühregen entladen sich die schweren Wolken und machen die Westküste Hawaiis zu einem der feuchtesten Plätze der Erde. Bis zu 750 Millimeter Niederschlag gibt es hier während eines Jahres – ideale Bedingungen für einen Regenwald. Was einst sturmumtoste öde Felslandschaft war, ist heute ruhig und geschützt und ein idealer Ort, um in Ruhe zu fressen oder sich verstecken zu können. Doch es dauerte unzählige Generationen, bis sich die für Hawaii typischen Geschöpfe aus den wenigen Vorfahren entwickelten. Die Tier- und Pflanzenwelt hat sich so stark verändert, daß heute 90 Prozent aller Arten nur hier auf Hawaii und nirgendwo sonst auf der Welt vorkommen.

Für die Biologen Rosie Gillespie und Steve Montgomery sind die Inseln ein »lebendes Labor«. Hier können sie immer wieder aufs neue beobachten, wie die verschiedensten Lebewesen neuen Lebensraum erobern: Spinnen zum Beispiel. Sie stammen, wie auch alle anderen Einwohner Hawaiis, von nur ganz wenigen Einwanderern ab. »Die Spinnen kamen wahrscheinlich als ›Ballonfahrer‹ hierher«, erklärt Gillespie, »das ist eine Form des Reisens, die nur junge Spinnen beherrschen. Die Tiere schlüpfen aus ihrem Eipaket und klettern auf einen Zweig. Dort halten sie ihren Hinterleib in den Wind und spinnen einen Seidenfaden. Der Wind zieht an diesem Faden, und je mehr er zieht, desto mehr Faden produzieren die kleinen Spinnen, bis sie schließlich, wie Mary Poppins mit ihrem Schirm, in die Lüfte davonsegeln.«

Kaum vorstellbar, aber wahr – Babyspinnen, die Tausende Kilometer über den Ozean segeln. Aber nur ein oder zwei von ihnen schafften es nach Hawaii. Und hier mußten sie noch einen passenden Lebensraum und einen Partner finden. So gibt es von den 100 wichtigsten Spinnenarten der Welt in Hawaii ganze vier. Wissenschaftler vermuten, daß es im Laufe der vergangenen 70 Millionen Jahre überhaupt nur vier erfolgreiche Besiedelungsversuche durch Spinnen gab. Für viele andere Tierarten war der Ozean unüberwindbar. Daher gibt es auf Hawaii weder

Als Schmetterling ist dieser Tamea-Mea-Falter ein ganz normaler Vegetarier. Doch seine Raupen sind Fleischfresser – eine Anpassung, die auch 18 andere Schmetterlingsarten Hawaiis vollzogen haben.

Schlangen noch Frösche, auch Ameisen sind hier nicht zu finden. Und außer Fledermäusen lebten ursprünglich keine Landsäugetiere auf den Inseln. »Da Hawaii so weit vom nächsten Festland entfernt ist«, sagt Montgomery, »schafften es nur sehr sehr wenige Pflanzen, Insekten und Spinnen hierher. Aber die wenigen, die ankamen, landeten einen Haupttreffer. Sie fanden hier eine Art Schlaraffenland mit hohen Bergen und fruchtbaren Tälern, und im Laufe der Zeit paßten sie sich dieser Umgebung an.«

Auf Hawaii gibt es Faszinierendes zu entdecken. Steve Montgomery war der erste, der eine nur auf Hawaii vorkommende Schmetterlingsart beschrieb und herausfand, daß ihre Raupen Fleischfresser sind. Reglos und gut getarnt warten sie, bis sich ein unvorsichtiges Beutetier nähert. Diese Raupen haben sich im Laufe der Jahrtausende von Pflanzen- zu Fleischfressern gewandelt. Und sie sind nicht allein, Montgomery fand insgesamt 18 fleischfressende Raupenarten auf Hawaii. Die Fähigkeit, Beutetiere zu jagen anstatt Pflanzen zu fressen, war nur der Anfang. Was als Verhaltensänderung begonnen hat, führte zu einer völlig neuen Art. Zum Überleben gehörte für Pflanzen und Tiere aber mehr, als nur neue Nahrungsquellen zu erschließen. Sie mußten auch mit den ständig wiederkehrenden Ausbrüchen des Mauna Loa fertig werden.

Um all die Auswirkungen des Vulkans auf das Leben feststellen zu können, müssen die Wissenschaftler wissen, wie oft er in der Vergangenheit ausgebrochen ist. Bis vor kurzem tappten sie diesbezüglich vollkommen im dunkeln. Es gibt zwar historische Aufzeichnungen über die Aktivität des Mauna Loa, die bis zu Beginn des vorigen Jahrhunderts zurückreichen, doch das

Rechte Seite: **Wenn sich ein Lavastrom durch den Wald wälzt, bleiben manchmal Lebensinseln inmitten der Zerstörung zurück. Auf diesen »Kibukas« überleben Tiere und Pflanzen nicht bloß, sondern entwickeln sich aufgrund der Isolation in Windeseile zu neuen Arten.**

ist bei weitem nicht lange genug, um Langzeiteffekte verstehen zu können. Selbst die Ureinwohner Hawaiis leben hier noch nicht so lange, um von Peles Vergangenheit berichten zu können. Bis vor 1.500 Jahren gab es auf Hawaii keine Menschen. Den Zeitpunkt einzelner Ausbrüche konnte man bisher also nur ganz grob schätzen.

Der Geologe Jack Lockwood hat nun einen Weg gefunden, wie man die Ausbrüche des Mauna Loa auch in ferner Vergangenheit genau datieren kann. Er entwickelte diese Methode, als er einzelne Lavaströme in Karten einzeichnete. An der Spitze des Vulkans liegt ein Krater, aus dem im Laufe der Zeit Tausende Lavaströme den Berg hinunterflossen. Doch nur der jüngste Strom ist sichtbar. Lockwood kann mit seiner Methode zwischen fünf und 600 Lavaströme ausmachen. Diese Ströme sind bis zu 10.000 Jahre alt, der jüngste stammt aus dem Jahr 1984. Wenn er das Alter eines neuen Lavastroms bestimmen will, muß er eine Stelle finden, an der man die junge und die darunter liegende ältere Schicht genau erkennen kann. Es gibt zwar keine Möglichkeit, die Lava selbst zu datieren. Aber manchmal findet er Überreste von Pflanzen, die als Holzkohle das flammende Inferno überstanden. Lockwood: »Wenn wir ein Stück Holzkohle finden, dann können wir das Alter bestimmen. Wir wissen dann, wann die Pflanze umgekommen ist, und somit kennen wir auch das Alter der Lava.«

Eine Methode, die zielführend ist, aber der Suche nach einer Stecknadel im Heuhaufen gleicht. Bis heute hat Jack Lockwood in zwölf Jahren 300 Stück Holzkohle gefunden. Aber seine Daten legen Zeugnis von Hunderten Lavaströmen ab und zeigen, daß in den vergangenen 10.000 Jahren die Hänge des Mauna Loa immer und immer wieder unter neuer Lava begraben wurden. In der Nähe besonders aktiver Krater wurden einige Gebiete häufig verwüstet. Doch der Wald ist jedes Mal zurückgekehrt. »Das wichtigste Ergebnis, das wir durch die Altersbestimmung erhalten haben«, sagt Lockwood, »ist die Erkenntnis, daß alles wesentlich weniger Zeit braucht, als wir gedacht haben. Änderungen im Boden, die Geschwindigkeit, mit der der Wald wächst, die Evolution der Insekten – alles passiert viel schneller, als wir uns das bisher vorgestellt haben.«

Für die Biologen sind die Ergebnisse Lockwoods eine große Überraschung. So stehen einige Wälder auf Big Island, von denen man bisher dachte, sie müßten Tausende Jahre alt sein, erst seit ein paar hundert Jahren. Vulkanausbrüche beschleunigen offenbar das Wechselspiel von Tod und Wiedergeburt. Erst jetzt wird klar, welche Chancen die vernichtenden Lavaströme manchen Lebensformen bieten.

Wenn sich ein glühender Strom durch den Wald wälzt, zerstört er zwar fast alles, was sich ihm in den Weg stellt, aber eben nur fast. Immer gibt es auch Überlebende, die auf einer sogenannten »Kipuka«, einer Insel mitten im flammenden Inferno, bestehenbleiben. Die Pflanzen und Tiere überleben nicht nur, sie entwickeln sich auch mit enormer Geschwindigkeit weiter. Der Biologe Ken Kaneshiro von der Universität Hawaii studiert diesen einmaligen Vorgang. Gemeinsam mit seinem Assistenten Bill Pereira erforscht er vor allem eine große Kipuka, die nach dem Ausbruch des Mauna Loa im Jahr 1855 entstanden ist.

Ein Lavastrom hat einen Wald in Brand gesetzt und alles Leben vernichtet.

Diese Kipuka ist der Überrest eines alten Regenwaldes und von der Umwelt abgeschlossen. Vögel aus anderen Teilen Hawaiis kommen hier zwar immer wieder vorbei, aber die Insekten verlassen den schützenden Urwald nur selten. In den vergangenen drei Jahrzehnten hat Kaneshiro die Auswirkungen dieser Isolationshaft auf eine bestimmte Insektenart untersucht – eine ganz gewöhnlich aussehende Taufliege der Gattung Drosophila.

In Hawaii gibt es 800 verschiedene Taufliegenarten. Das ist ein Viertel aller auf der Erde vorkommenden Arten. Und sie alle dürften von nur einem einzigen Fliegenpärchen abstammen, das vor rund 20 Millionen Jahren hier landete. Kaneshiro und seine Mitarbeiter haben die Verwandschaftsverhältnisse der Fliegen in dieser einen Kipuka über viele Generationen studiert. Mit einem Köder fangen sie die Fliegen und vergleichen sie mit Tieren, die sie in einer anderen, nur 500 Meter entfernten Kipuka gefangen haben.

Beide biologischen Enklaven, die Kaneshiro untersucht, sind vor 140 Jahren entstanden. Seit damals wachsen, voneinander getrennt, zwei Fliegenpopulationen heran. Obwohl die Fliegen bei nahezu denselben Umweltbedingungen aufwachsen, haben sich in den Jahren deutliche Unterschiede herausgebildet. Die genetischen Unterschiede zeigen, daß sich hier völlig neue Fliegenarten entwickeln. Ken Kaneshiro ist sicher, daß der Grund für die rasante Entwicklung im veränderten Sexualverhalten der Fliegen liegt.

Doch schon wenige Monate nach dem Erstarren der Lava sprießt wieder erstes Grün aus Ritzen und Spalten, in denen die Pflanzenkeimlinge ausreichend Feuchtigkeit finden.

Die meisten Taufliegenmännchen Hawaiis werben in einem umständlichen Ritual um ihre Weibchen. Meist beginnt es mit einem Kampf zwischen zwei Männchen, um herauszufinden, wer der Stärkere ist. Der Sieger aus diesem Ausscheidungskampf gehört nun zu den »Supermännchen«, die beim Werben um die Weibchen Vorrang haben. Das andere Männchen, als Mitglied der großen Gruppe der Verlierer, kommt bei den Weibchen nicht zum Zug. Aber in einer von der Umwelt abgeschnittenen Kipuka gibt es nur wenige Supermännchen. Allzu wählerische Weibchen kommen dort nicht zum Zug. Also schrauben einige ihre Ansprüche zurück und paaren sich mit nahezu jedem Männchen, also auch mit den Verlierern. Diese Männchen bringen neue Merkmale in den Genpool ein, und langsam verändert sich die ganze Population. Durch diese Verhaltensänderung versucht die Natur, das Aussterben einer Art zu verhindern. Der Nachwuchs ist zahlreicher und besser an die neue Umwelt angepaßt. Durch die intensive Vermehrung auf engem Raum können so binnen kurzer Zeit neue Arten entstehen.

Jedesmal wenn sich glühende Lava ihren Weg durch einen Wald bahnt und einst gut funktionierende Lebensgemeinschaften zerschneidet, bedeutet das also nicht nur Zerstörung. Es ist auch die Chance für einen Neubeginn. Aber der Vulkan gestaltet nicht nur bestehende

Meistens sind es Farne, die auf dem fruchtbaren Boden bald wieder üppig wuchern. Der Wald wächst viel schneller nach, als die Wissenschaft bis vor kurzem angenommen hat.

Landschaften um, er schafft auch völlig neue, verborgene Welten. Wenn die Lava nach den Eruptionen abgeflossen ist, hinterläßt sie ein weit verzweigtes Höhlensystem. Der Wald erobert das verbrannte Land zurück, und schon bald sind die Eingänge dieser Höhlen zugewachsen. Die Biologen Frank Howarth und Fred Stone untersuchen seit mehr als 20 Jahren das vulkanische Höhlensystem des Mauna Loa.

Der große Vulkan sieht aus wie ein Schweizer Käse, er ist von Höhlen und Kavernen richtiggehend durchzogen. Sobald die Lava abgekühlt ist, beginnt die Vegetation zu wachsen. Wurzeln graben sich tief in den Fels und holen Feuchtigkeit und Nährstoffe aus dem Gestein. Die Wurzeln hängen wie Girlanden von der Decke und bilden einen Vorhang aus lebenden Stalaktiten. Kilometerweit schlängeln sich die Tunnel bergauf. Wenn die Forscher tiefer in die Höhlen vordringen, wird das Atmen immer schwieriger. Die Luftfeuchtigkeit beträgt 100 Prozent, und es ist heiß. Die Dunkelheit ist undurchdringlich und das Tropfen von Wasser das einzige

Geräusch. Es ist eine lebensfeindliche Welt, bei neuerlichen Ausbrüchen werden diese Höhlen immer wieder von frischer Lava verschüttet. Lange Zeit nahm man an, es würde nur im Eingangsbereich der Höhlen Leben geben.

»Die Theorie ist in der Biologie wichtig«, sagt Frank Howarth. »Geht man davon aus, daß es dort nichts gibt, dann findet auch keiner etwas.« Doch 1980 entdeckte er eine ganze Reihe von Lebensgemeinschaften, die an das Leben in den Lavahöhlen perfekt angepaßt sind: »Ich habe in den Höhlen nicht direkt nach Lebewesen gesucht. Aber wenn ich ein Tier sah, wußte ich, daß es von biologischem Interesse ist. Zuerst dachte ich, es ist wie ich nur ein Besucher in der Höhle. Eine Zeitlang fand ich dann aber nahezu bei jedem Besuch neue Arten. Dann wurde mir klar, daß es dort Dinge gibt, die mit nichts auf der Erde zu vergleichen sind, daß ich da auf etwas gestoßen bin.«

Es dauerte nicht lange, bis sich alle Puzzleteile zu einem Gesamtbild zusammenfügten. Es gibt in den Höhlen ein eigenständiges Ökosystem, gespeist durch die Wurzeln der Bäume und organisches Material, das mit dem Regenwasser einsickert. Sobald in einer Höhle die Wurzeln durchbrechen, tauchen die ersten Grillen auf. Sie sind eigentlich Aasfresser, haben sich aber angepaßt und sind zu Allesfressern geworden. Sie vertilgen alles – ob Pflanzen oder Insekten. Die Bewohner der Unterwelt stammen zwar von den Heimchen in den Wälder über ihnen ab, doch das Leben in den Höhlen hat sie verändert. Weite Sprünge sind in einer finsteren Höhle gefährlich, also sind die einst kraftvollen Hinterbeine dieser Grillen verkümmert.

Die meisten Höhlenbewohner unterliegen keinen Tages- oder saisonalen Zyklen mehr. Für sie hat Zeit jede Bedeutung verloren. Auch Augen verlieren in ständiger Dunkelheit ihren Sinn, und so sind viele Tiere in den vulkanischen Höhlen blind. Einige können statt dessen besonders gut hören oder riechen. Andere ertasten mit langen Antennen ihren Weg. Vollständig an das Höhlenleben angepaßt, würden sie keinen Ausflug in die Welt des Lichts überleben. Doch wie breiten sich diese Grillen aus? Die Erklärung ist einfach: Wenn Lava auskühlt, schrumpft sie etwas, und es entstehen feine Spalten und Risse. Durch diese Öffnungen besiedeln Grillen und andere Bewohner der Unterwelt neue Lavahöhlen.

Wie eine neue Insel im Ozean bieten auch die Lavahöhlen Platz für Spezialisten. Aber es spricht auch einiges für den neuen Lebensraum: Es gibt wenig Konkurrenz, genug zu fressen und keine Räuber. »Es war spannend, diese neuen Arten zu erforschen und herauszufinden, wie das Ökosystem funktioniert«, sagt Frank Howarth, der in den vulkanischen Höhlen eine Welt entdeckt hat, in der das unerbittliche Gesetz der Evolution »Anpassen oder Untergehen« unter verschärften Bedingungen gilt.

Ob über oder unter der Erde – die Besiedelung Hawaiis durch die lebende Natur lehrt, daß es wohl kaum einen Ort auf der Erde gibt, der zu unwirtlich wäre, daß nicht einige Pflanzen oder Tiere Fuß fassen könnten. Was einst als nackter, dampfender Felsen mitten im Ozean begann, ist heute eine Insel voll von Leben, und alle Pflanzen und Tiere sind Abkömmlinge einer Handvoll ausdauernder und zäher Pioniere.

Noch fehlen dem Loihi 1.000 Meter bis zur Oberfläche. Doch in 50.000 Jahren wird Peles jüngstes Kind feuerspeiend aus dem Meer steigen und dem Hawaii-Archipel eine neue Insel schenken.

Eines Tages werden sich über die Hänge von Mauna Loa und Kilauea wieder Ströme glühender Lava ergießen. Doch kaum ist die Lava erstarrt, wird ein neues Kapitel in der unendlichen Geschichte Hawaiis beginnen. Und über allem wacht Pele, die Göttin des Feuers. Sie kam aus dem Westen und wohnte in jedem Vulkan Hawaiis. Doch sie ist rastlos, und in rund 50.000 Jahren, wenn der Loihi feuerspeiend die Fluten des Ozeans durchbricht, wird sie ein weiteres Stück Richtung Osten weiterziehen.

HAWAII – AUS FEUER GEBOREN

Eine Produktion der Peace River Film für NOVA-WGBH Boston

Buch und Regie: Neil Goodwin; Deutsche Bearbeitung: Heinz Leger

Drittes Kapitel

Pandas – Die letzten ihrer Art

In der abgeschiedenen Bergwelt im Herzen Chinas nährt die Feuchtigkeit des Monsunregens einen Wald, der voller Geheimnisse ist. Seit Ewigkeiten wächst hier im anhaltenden Nebel Bambus. Dicht und fast undurchdringlich ist er eine Schranke gegen die Zeit und den Rest der Welt. In diesem Bambuswald ist ein chinesischer Wissenschaftler einem der seltensten Tiere der Welt auf der Spur. Obwohl sein Bild uns allen vertraut ist, hält der Große Panda sein Leben in der Wildnis vor den Menschen verborgen. Professor Pan Wenshi liegt die Erforschung der Pandas sehr am Herzen. Die Tiere sind in ihrer Existenz äußerst bedroht – es gibt heute nur mehr 1.200 von ihnen. Sie sind die letzten ihrer Art.

In Gefangenschaft konnten sich die Pandas nicht genügend vermehren, um ihren Bestand zu vergrößern oder auch nur aufrechtzuerhalten. Zur Rettung der Spezies ist es daher notwendig, ihr Leben in der freien Natur zu verstehen und zu schützen. 1995 ergab sich zufällig eine Chance, die es bisher noch nie gegeben hatte: Die chinesischen Forscher fanden in einer Höhle einen neugeborenen Panda. Erstmals war eine Langzeitstudie möglich – vom Beginn eines bemerkenswerten Lebens an, das anders ist als das aller übrigen Geschöpfe auf der Welt.

Das Qin-Ling-Gebirge, die zerklüftete Trennlinie zwischen Nord- und Südchina, ist einer der letzten Schlupfwinkel des Großen Panda. Im dichten Laub versteckt und durch seine charakteristische Fellzeichnung geschützt, lebt der Panda hier buchstäblich im Verborgenen. Seine clownartige Maske weckt bei uns Menschen sofort Zuneigung. Doch von den anderen Tieren wird sie wahrscheinlich als Bedrohung gesehen – sie ist ein subtiler Schutz. Pandas sind scheu und selten aggressiv. Bei einer Begegnung mit Menschen treten sie den Rückzug an.

Die Tiere sind Einzelgänger. Sie finden nur zur Paarungszeit zusammen. Trotzdem halten sie untereinander durch ihre Stimme und ihren besonderen Geruch Kontakt. Das Sozialleben der Pandas besteht hauptsächlich im Lesen und Hinterlassen von Duftmarken. Wenn ein Panda seine Duftdrüsen an Bäumen oder Steinen reibt, sagt er damit: »Hier bin ich« oder »Hier war ich«. Pandas können am Geruch allein die Identität und die sexuelle Stimmung ihrer Artgenossen erkennen.

Linke Seite:
Der Große Panda ist das Symboltier des internationalen Artenschutzes. Heute gibt es nur mehr etwa 1.200 der schwarzweißen Bambusbären.

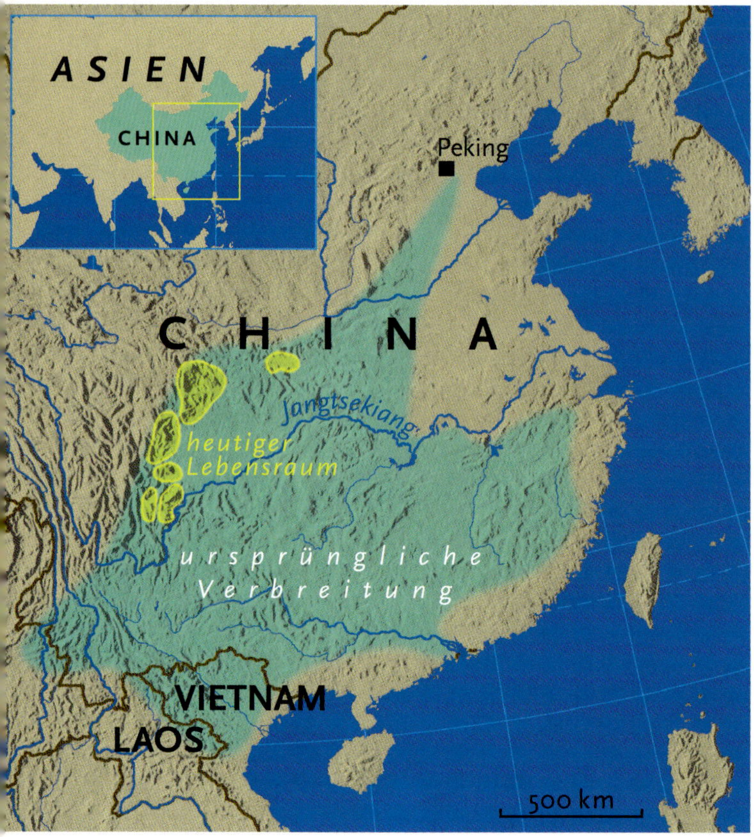

Bambus ist nahezu die einzige Nahrungsquelle des Großen Panda. Er faßt die Pflanzen mit Hilfe der Greifballen an seinen Händen – eine ideale Einrichtung der Evolution. Bis zu 40 Kilogramm Bambus werden pro Tag mit Methode und Raffinesse verspeist. Doch die Pandas sind bei dieser scheinbar monotonen Diät durchaus wählerisch: Sie fressen in verschiedenen Jahreszeiten verschiedene Teile des Bambus. Manchmal bevorzugen sie die zarten Blätter und Triebe, dann wieder schmecken ihnen die zähen holzigen Stengel besser. Viel Mühe für wenig Lohn: Nur 17 Prozent der Nahrung werden verdaut. Die Pandas müssen aus diesem Grund fast unablässig fressen, bis zu 14 Stunden am Tag. Sie fressen, bis sie satt sind, machen dann an Ort und Stelle ein Schläfchen, bis sie wieder hungrig erwachen.

Diesem scheinbar verletzlichen Tier ist es gelungen, bis heute zu überleben, während wehrhaftere Säugetiere ausgestorben sind. Seine ökologische Nische ist eng, aber sie hat Millionen Jahre überdauert. Trotzdem ist das Wissen um das Leben der Pandas noch immer sehr lückenhaft. Um das Geheimnis des Panda zu entschlüsseln, wurde das ehemalige Shashuping-Holzfällerlager in eine Forschungsstation umgewandelt. Von diesem Stützpunkt aus beobachten der Biologie-Professor Pan Wenshi und seine Studenten mehr als 60 Pandas in den Wäldern der Umgebung. Sie arbeiten an der ersten Langzeitstudie über freilebende Pandas. Professor Pan und Lu Zhi, ehemals Studentin und mittlerweile Forscher-Kollegin, hoffen, entdecken zu können, warum junge Pandas in freier Natur überleben, in Gefangenschaft aber nicht. Dieses Wissen könnte die Art retten.

Rechte Seite: ***Pandas fressen fast ausschließlich Bambus – täglich bis zu 40 Kilo. Viel Mühe um wenig Lohn: Nur 17 Prozent der Nahrung werden tatsächlich verdaut.***

Pan und Lu Zhi vermuten, daß in einer Höhle hoch oben am Berg ein Panda-Junges zur Welt gekommen ist. Und so machen sie sich an einem Septembermorgen auf den Weg. Die rutschigen Hänge der Qin-Ling-Berge gleichen den Mauern einer Festung. Vielleicht erklärt das, warum der Große Panda in diesem Gebiet erst im Jahr 1964 entdeckt wurde. Es ist eine behutsame Annäherung, denn in der engen Höhle liegt ein erwachsenes Panda-Weibchen, und zwischen seinen Pfoten hält es einen winzigen rosafarbenen Körper. Eine wilde Panda-Mutter widmet sich völlig ihrem Neugeborenen. Sie hält und beruhigt das Baby ständig und verläßt die Höhle nicht einmal, um auf Nahrungssuche zu gehen. Das Neugeborene ist blind und hilflos, ein Knirps im Vergleich zu seiner Mutter. Es wiegt mit seinen 100 Gramm bloß ein Neunhundertstel eines erwachsenen Tieres. Aber das Panda-Kind macht sich mit einer Stimme bemerk-

frühen Begeisterung leidenschaftliche Hingabe geworden. Pan lebt viele Monate im Jahr unter primitiven Bedingungen, er kommt für seine Forschungen aus eigener Tasche auf und arbeitet Tag und Nacht – oft in einem winzigen Raum des alten Holzfällerlagers, der zugleich Büro und Schlafzimmer ist.

Pans zweites Leben ist dazu ein starker Kontrast. Er verbringt den Rest des Jahres in Peking, in der wuchernden Metropole des modernen China. Der Professor lehrt hier an der Universität Peking Biologie. Seine Arbeit fand hauptsächlich im Labor statt, bis er seine erste, schicksalhafte Begegnung mit einem Panda hatte. Nachdem Pan mit 25 Jahren seinen Hochschulabschluß gemacht hatte, besuchte er den Pekinger Zoo, um das erste in Gefangenschaft geborene Panda-Baby zu besichtigen. Es war das erste Mal, daß er einen Panda anfassen konnte. Das Baby kletterte überall auf ihm herum, und er war so fasziniert, daß er sich entschloß, sein ganzes Leben der Erforschung dieser Tiere zu widmen.

Pan trägt seine Kampagne zur Rettung der Pandas auch in die Schulen von Peking. Seine Zuhörerschaft ist außerordentlich interessiert. Mit ausgestopften Pandas – Tieren, die in Gefangenschaft starben – versucht Pan, den Kindern zu erklären, wie wichtig es ist, die wilden Pandas zu schützen. Die meisten Kinder sind erstaunt. Sie dachten, Pandas lebten nur in Zoos. Pan erhofft sich viel von dem Verständnis, das er hier weckt. Diese Generation, sagt er, wird das Schicksal der Pandas entscheiden. In einem Land mit fast 1,2 Milliarden Menschen, von denen viele Not leiden, hat der Professor einen weiten Weg vor sich. Selbst einige seiner Freunde begreifen nicht, warum er seine Familie um eines wilden Tieres willen jedes Jahr für Monate verläßt.

Die Reise in den Süden zu den Qin-Ling-Bergen ist eine harte Prüfung: 22 Stunden mit der Bahn, dann noch 14 Stunden mit dem Bus. Für Pan ist es auch eine Fahrt durch die ehemalige Heimat der Pandas. Sie lebten hier, bevor die Menschen kamen. Die letzten Reste der Wildnis sind wie die Pandas heute dort zu finden, wo keine Ackerfrucht gedeiht: buchstäblich am Rand der Existenz. Jahrelang durchstreiften Professor Pan und Lu Zhi nur zu zweit die Wälder. Doch mittlerweile kommen immer mehr Studenten als Mitarbeiter in die Qin-Ling-Forschungsstation. Sie sind für den Professor eine Hoffnung, und sie haben sich als treue Gefährten erwiesen in diesem Bergabenteuer, das oft eine Tortur sein kann. »Besonders am Anfang«, sagt Pan, »war es schwierig. Allen war ständig kalt, das Gewand war immer naß. Lu Zhi erlitt Erfrierungen im Gesicht, und Ding Quian, ein anderer Mitarbeiter, an den Fingern.«

Vorhergehende Doppelseite: ***Das Abholzen der Wälder Chinas ist die größte Bedrohung für die Pandas. In den vergangenen 20 Jahren ist ihr Lebensraum um die Hälfte geschrumpft.***

Fünf Monate sind seit der Geburt des Panda-Babys in den Qin-Ling-Bergen vergangen. Das Junge ist jetzt alt genug, um erste Ausflüge vor die Höhle zu machen, während die Mutter in der Nähe frißt. Die Forscher haben beschlossen, der kleinen Panda-Dame einen symbolträchtigen Namen zu geben. Sie nennen sie »Xi Wang« – »Hoffnung«. Sie schläft 20 Stunden am Tag und ernährt sich noch immer von der Milch ihrer Mutter. Der Bambus ist einstweilen nur zum Spielen da. Auch der Panda-Mutter geben die Forscher einen Namen – »Jiao Jiao«, »Doppelt bezaubernd«. Schließlich kehrt die Mutter zurück und beschließt, Xi Wang in eine neue Höhle zu

Pandas mögen plump wirken, tatsächlich sie sind äußerst beweglich. Ihre Gelenke sind so flexibel, daß sie sich mit Leichtigkeit in den eigenen Schwanz beißen könnten.

bringen. Unter Pandas ist das ein Routinevorgang, doch für Pan und Lu Zhi ist es ein seltener Anblick: Trotz jahrelanger Beobachtung haben sie bisher kaum zwei wilde Pandas zusammen gesehen. Xi Wang ist klein und verletzlich, doch Raubtiere sind keine so große Gefahr für sie wie der Mensch. Ein Panda-Fell kann einem Wilderer 10.000 Dollar einbringen. Und Dutzende Panda-Jungen wurden von »wohlmeinenden Rettern« bereits in Gefangenschaft verfrachtet.

In den rauhen Höhen des Panda-Territoriums gibt es nur einen Bauernhof. Er gehört der Familie Li, die die beiden Wissenschaftler auf ihrem Rückweg besuchen. Pan hat Gerüchte gehört, daß in der Nachbarschaft ein Panda gesichtet worden ist, der krank zu sein schien. Die Lis bestätigen die Sichtung. Noch in der darauffolgenden Nacht müssen Pan und sein Team bei eisigem Regen zu einer Spezialmission aufbrechen: Die Bauern hatten erneut gemeldet, daß der kranke Panda wieder an ihrer Haustür aufgetaucht ist. Warum wilde Pandas dazu neigen, menschliche Behausungen aufzusuchen, wenn sie krank sind, ist den Wissenschaftlern ein Rätsel. Obwohl sie sozusagen Nachbarn sind, haben die Bauern noch selten einen Panda zu Gesicht bekommen. Er scheint alt zu sein und Hilfe zu suchen. Pan vermutet, daß der Panda Verdauungsprobleme hat. Zurück im Lager, bringen Bambus, Vitamine und Antibiotika, vermischt mit Honig, »Lucky«, wie die Studenten den geretteten Panda getauft haben, wieder auf die Beine.

Lu Zhi untersucht im Feldlabor das Blut von Lucky. Sie sammelt von allen Pandas Blutproben. Eine Gen-Analyse soll klären, wie häufig sich die Tiere durch Inzucht fortpflanzen. Lu Zhi fürchtet, daß in 100 Jahren alle Pandas in den Qin-Ling-Bergen zu eng miteinander verwandt sein könnten. Durch fortschreitende Inzucht könnten schädliche Mutationen entstehen, die Tiere könnten Krankheiten gegenüber anfälliger werden und frühzeitig sterben. Lu Zhi hofft, durch ihre Untersuchungen einen Weg zu finden, den Pandas zu helfen. Nach einer Woche Behandlung ist Lucky so weit hergestellt, daß er wieder freigelassen werden kann. Die Forscher hoffen für das Tier – doch wahrscheinlich ist Lucky zu alt, um zu überleben. Wochen später werden ihre Ängste bestätigt. Lucky erkrankt wieder. Er wird in ein Tierheim gebracht, wo er schließlich stirbt.

In der bitteren Kälte der ersten Jännertage halten viele Tiere in den Qin-Ling-Bergen Winterschlaf. Die Pandas aber streifen weiter durch die verschneiten Wälder – getrieben von dem Zwang, fast dauernd fressen zu müssen. Pan und Lu Zhi bewundern die zähe Konstitution dieser Tiere. Der dicke, fettige Pelz und die gut gepolsterten Körperrundungen machen die Pandas gegen die Kälte immun. Für die Menschen, die die Pandas beobachten, ist der Winter hingegen eine harte Prüfung. Die Kälte ist unbarmherzig, auch im Inneren des Lagers. Haushalt, Lektüre, Forschungsarbeiten – all das findet in einem Raum statt, der nur durch einige brennende Holzscheite erwärmt wird. Gearbeitet wird beim Licht von Kerzen und Laternen.

Schwarzweiße Pandas im weißen Schnee – im alten China waren diese Bilder der Ruhe ein Symbol für den Frieden. Es wird berichtet, daß Heere bei einem Rückzug nicht eine weiße Fahne schwenkten, sondern ein Bild mit einem Panda. Während dieser Winterwochen beginnt Jiao Jiao, Xi Wang auf ihre Erkundungstouren mitzunehmen. Das fünf Monate alte Panda-Kleinkind beginnt dabei zu ahnen, daß Bäume etwas Wichtiges sind. In den kommenden Monaten sind sie der einzige Schutz vor Raubtieren, wenn die Mutter auf Nahrungssuche geht. Doch um sich auf einem Baum verstecken zu können, muß Xi Wang erst lernen, hinaufzuklettern – eine Fertigkeit, die nach ein paar Fehlschlägen von allein kommt.

Endlich weicht der Winter dem Frühling. Die bunten Blüten und das Gezwitscher der Vögel kehren in das Reich der Pandas zurück. Xi Wang ist jetzt neun Monate alt und trinkt noch immer Muttermilch. Sie wird ihre Mutter noch einige Monate lang aus der sicheren Obhut der Bäume beobachten. Erst wenn sie größer ist, wird sie mit ihr durchs Unterholz streifen. Für die beiden ist das Leben nun eine Wonne – überall wachsen frische Bambussprößlinge. Und plötzlich geht ein Ruck durch die träge wirkenden Tiere. Pandas mögen unbeholfen wirken, doch sie sind äußerst beweglich. Ihre Gelenke sind so flexibel, daß sie sich mit Leichtigkeit in den eigenen Schwanz beißen könnten, und so vollführen sie in gemächlicher Zeitlupe gymnastische Meisterleistungen, um an die besten Bambustriebe heranzukommen.

Das Abholzen der Wälder ist die größte Bedrohung für die Pandas. Der Bestand an Bäumen, die Schutz und Nahrung liefern, nimmt immer mehr ab. Die Panda-Populationen werden immer mehr isoliert. In den vergangenen zwei Jahrzehnten ist ihr Lebensraum auf die Hälfte geschrumpft. Eine Milliarde, vielleicht schon bald zwei Milliarden Menschen in China brauchen Holz als Bau- und Brennmaterial. Professor Pan hat miterlebt, daß die Holzfirmen zwei Drittel des Panda-Gebietes völlig kahlgeschlägert haben. Eigentlich sollte auch jener Berghang

abgeholzt werden, in dem Xi Wang und Jiao Jiao leben. Doch Pan appellierte an die Behörden, das Abholzen der Qin-Ling-Berge zu beenden. Und er hatte mit seiner sturen Beharrlichkeit trotz vieler Drohungen Erfolg. Die Regierung willigte ein, eine 320 Quadratkilometer große Zone rund um das Forschungslager unberührt zu lassen.

Mittlerweile hat sich das Laub gefärbt in den Qin-Ling-Bergen, und mit 14 Monaten erlebt Xi Wang ihren zweiten Herbst. Das Panda-Junge trägt seit kurzem einen Halsband-Sender, denn Xi Wang ist für die Wissenschaftler von unschätzbarem Wert. Sie haben das Panda-Junge seit seiner Geburt beobachtet und dabei wichtige Informationen gesammelt. Xi Wang ist ihnen aber auch ans Herz gewachsen. Bis heute konnten Pan und Lu Zhi mit Hilfe von Halsband-Sendern das Leben von mehr als 30 Pandas in den Qin-Ling-Bergen verfolgen und so die erste umfassende Studie über das Sozial- und Fortpflanzungsverhalten von wilden Pandas erstellen. Die Halsbänder müssen regelmäßig kontrolliert werden – für Xi Wang eine unangenehme Angelegenheit, da sie betäubt werden muß. Doch die Forscher können sich auf keine andere Weise über die Einzelheiten ihrer weiteren Entwicklung informieren. Und Xi Wangs Leben könnte sich auf alle ihre Artgenossen auswirken: Die neuen Erkenntnisse werden vielleicht schon bald das Überleben der wilden Pandas sichern helfen und die Behandlung von Pandas in Gefangenschaft verbessern.

Die Pandas blicken einer düsteren Zukunft entgegen. Wieviele Bambusbären wird es im nächsten Jahrtausend in der freien Wildbahn Chinas noch geben?

In der Shashuping-Forschungsstation kommt der Moment des Abschieds. Vier Studenten von Pan müssen wieder an die Universität zurück. Die Assistenten kommen und gehen, doch Pan hat vor, weiter in den Qin-Ling-Bergen zu bleiben. Er möchte sicherstellen, daß die wilden Pandas – Xi Wang und ihre Artgenossen – überleben. Xi Wang streift heute wahrscheinlich schon selbständig durch die Wälder im Herzen Chinas. Sie lebt wie alle Pandas seit Millionen von Jahren: Sie ernährt sich von Bambus, trinkt aus kalten Bächen, erträgt den eisigen Nebel. Und doch ist ihr Leben einzigartig – aufgezeichnet für alle Zeit, und festgehalten als das, was der Name Xi Wang bedeutet: als Hoffnung für die Pandas, die letzten ihrer Art.

PANDAS – DIE LETZTEN IHRER ART

Eine Produktion der National Geographic Society

Regie: Mark Stouffer; Buch: Mose Richards; Deutsche Bearbeitung: Jutta Grylka

Viertes Kapitel

Nachts im wilden Wien

Wien, drei Achterl nach Sonnenuntergang – eine magische Stunde, in der die Wiener zum Philosophieren neigen und die Hektik des Tages beim Heurigen im Liptauer versinkt. Von nun an gehört die Stadt den Geschöpfen der Nacht. Zwar prunkt Wien abends, wie es sich für eine ordentliche Weltstadt gehört, mit Baudenkmälern, die alle Blicke an sich ziehen, vertuscht jedoch damit die wahren Abenteuer des Nachtlebens. Und das spielt sich nicht nur in ganz wenigen, sattsam bekannten Straßenzügen ab, sondern ist flächendeckend – vom ersten bis zum 23. Wiener Gemeindebezirk. Und es ist animalischer Natur.

Zum Beispiel die Staatsoper – sie ist ein idealer Ort für die Fledermaus. Während drinnen Prinz Orlowski seinen Gästen zuprostet, werden die Zuhörer auf den billigen Plätzen allmählich munter. In Fledermaus-Kreisen ist die Oper als komfortabler Schlafplatz stadtbekannt. Katzen und Marder haben hier keine Chance, und obendrein wird man jeden Abend sanft vom Staatsopernorchester aus dem Schlummer gerissen. Meistens sind es Große Abendsegler, die man nur dann wahrnimmt, wenn sie durch die Arkadengänge fliegen und nach Insekten jagen, welche von den Laternen angezogen werden.

Doch manchmal wird in Wien schon Fledermaus-Alarm gegeben – wie letzten September in der Währinger Straße. Die Einsatztruppe der »Fledermauskundlichen Arbeitsgemeinschaft« hat schon Hunderten Fledermäusen das Leben gerettet. Diesmal galt es, ein Stiegenhaus zu evakuieren. Die behördlich autorisierten Retter sind Nacht für Nacht auf Tour, um Fledermäuse zu bergen, die in Bedrängnis geraten sind. Ein Fall wie dieser war ihnen aber bislang nicht untergekommen: Abendsegler, die sich in Kabelschächte zwängen. Auf der Suche nach einem Winterquartier hatten sich 25 Große Abendsegler durch ein offenes Fenster eingeschlichen und den Hausbewohnern unbeabsichtigt Angst eingejagt. Wiener Fledermäuse saugen zwar kein Blut, sind weder tollwütig noch schmutzig, hier konnten sie dennoch nicht bleiben. Also brachte man sie ins Hauptqartier der Fledermauskundlichen Arbeitsgemeinschaft in der Favoritner Hanson-Siedlung. Dort wurden sie aufgepeppelt und starteten schließlich wieder hinaus in die Nacht. Fledermäuse wohnen mitten unter uns, auf alten Dachböden, in Kirchtürmen und hoh-

Linke Seite:
Wiener Nächte sind anders. Im Schatten der hell beleuchteten Prachtbauten sind die wahren Abenteuer des Nachtlebens animalischer Natur.

Der Große Abendsegler ist eine der häufigsten Fledermausarten in Wien.

len Bäumen – bis hinein ins Stadtzentrum. Was ihnen fehlt, ist unsere Zuneigung und unsere Nachsicht. Hundert Jahre Dracula-Märchen haben ihrem Renommee nachhaltigen Schaden zugefügt. Dabei sind sie pelzig und warm, obendrein nützlich und bei unmittelbarem Kontakt mit dem Menschen von einer berührenden Hilflosigkeit.

Doch auch unter der Währinger Straße, im Reich des »Dritten Mannes«, herrscht High life. Denn im Wiener Kanalsystem tummeln sich die ursprünglich aus Ostasien stammenden Wanderratten, die um das Jahr 1750 erstmals in Österreich aufgetaucht sind. In Wien sind sie die häufigste Säugetierart. Vor allem in der Paarungszeit kommt nachts Leben in die Rattenbande. Dann signalisieren die Weibchen mit Duftstoffen, daß sie paarungsbereit sind. In ihrem Gefolge findet sich meist eine Karawane von Männchen. Die Weibchen paaren sich nach und nach mit jedem ihrer Verehrer, der sich durchzusetzen vermag.

Ratten haben einen noch schlechteren Ruf als Fledermäuse, gelten sie doch als gefährliche Krankheitsüberträger. Was wenig wundert, leben Wanderratten doch mit Vorliebe dort, wo es feucht ist – in Kellern und in der Kanalisation, wo sie mit allerlei Krankheitserregern zusammenkommen und diese auch übertragen könnten. Die Palette reicht von Salmonellen über Leptospiren und Trichinen bis zu Rotlauf und Milzbrand. Aber das ist eigentlich Theorie. Denn in Wien gab es in den vergangenen 15 Jahren keinen einzigen Fall von einer Krankheitsübertragung durch Ratten. Die Ursache für diese tiefsitzende Angst vor Ratten hat in Wien seinen guten Grund: Die Pest, die im Mittelalter die halbe Stadt ausrottete, wurde von Flöhen übertragen, die auf Ratten mit den Schiffen der Kreuzfahrer aus dem Heiligen Land kamen.

Doch mit diesen Übeltätern hat die Gesellschaft der Wanderratten nichts gemein. Die Pest wurde von den Hausratten übertragen, die es in Wien heute kaum mehr gibt. Das Schicksal hat sich gegen sie gewendet – Hausratten stehen in Wien heute sogar auf der Roten Liste der aussterbenden Tierarten. Früher waren sie beinahe überall in Österreich zu finden. Aufgrund einer Klimaverschlechterung und der Konkurrenz durch die Wanderratte sind sie extrem selten geworden und zählen nun zu den gefährdeten Säugetierarten.

Einst brachten die Hausratten halb Wien durch die Pest um, heute stehen sie auf der Roten Liste der aussterbenden Arten.

Im Gegensatz zu den Wanderratten bevorzugen sie trockene Lebensräume. Vor Jahrhunderten zogen sie im Gefolge des Menschen von Indien aus nach Europa. Heutzutage ist es ein seltener Glücksfall, einer Hausratte zu begegnen. Legendär sind vor allem ihre Kletterkünste, selbst senkrechte Wände sind für Hausratten kein Problem. Noch vor 150 Jahren galten sie in Wien als weit verbreitet, gegen Ende des vorigen Jahrhunderts wurden sie dann allmählich seltener. In den vergangenen Jahrzehnten gab es allenfalls vereinzelte Beobachtungen. Hausratten sind wesentlich ortstreuer als Wanderratten und vor allem abhängig von dauernd verfügbaren, fixen Nahrungsquellen. Sie sind anfällig gegen nasses und kaltes Wetter, und ihre Vorzugstemperatur liegt bei 38 Grad Celsius. Kein Wunder, daß sie sich vorwiegend in den oberen Stockwerken aufhalten, mit Vorliebe auf alten, verstaubten Dachböden.

Doch auch in den Parks und Gärten der Wienerstadt – allein das Wiener Stadtgartenamt betreut 23 Millionen Quadratmeter Grünanlagen – tummelt sich nachts eine vielschichtige Tiergesellschaft. Im Pötzleinsdorfer Schloßpark ist eine Begegnung mit einem Reh kein außergewöhnlicher Zufall. Ein Rudel von 20 Stück lebt hier eingezäunt auf einer Fläche von 35 Hektar. Nachts wagen sich die Rehe bis zum Gebäude der Gartenverwaltung vor, die nur fünfeinhalb Kilometer vom Stephansdom entfernt ist. Nur an der Donau kommen Rehe so nah an den Innenstadtbereich heran.

Ungezählte Dachse ziehen nachts in den Bezirken am Wienerwald ihre Runden.

Der Pötzleinsdorfer Schloßpark ist schon viele Jahrhunderte alt – ein lieblicher Garten, der heute auch als Auffanglager für die Tierwelt dient. Wer nachts hier spazieren geht, kann auf Erdkröten und Igel, Siebenschläfer und Erwin Schwarzenbrunner treffen, seines Zeichens Gärtner und Tierpfleger der Parkverwaltung. Fast jede Nacht wirft er einen letzten Blick in den Hühnerstall, ob alle Luken dicht sind. Vor drei Jahren sind die Hühner dem Blutrausch eines Marders zum Opfer gefallen. Das soll nicht wieder passieren, und so wandert das Federvieh nächtens hinter Schloß und Riegel. Und wenn man Glück hat und bis zum Morgen bleibt, dann kann man einmal im Jahr einen einzigartigen Augenblick miterleben – wenn Erwin Schwarzenbrunner seine nachgezüchteten jungen Bussarde und Turmfalken in die Freiheit entläßt.

Vorhergehende Doppelseite: ***In so manchem Schrebergarten finden sich nachts Siebenschläfer ein – vor allem wenn dort Apfelbäume wachsen.***

Auch die Stadt jenseits der Südosttangente hat zoologische Sehenswürdigkeiten zu bieten – den Kurpark Oberlaa, die größte Wiener Parkanlage der Nachkriegszeit. In den zwanziger Jahren wurden hier Monumentalfime wie »Sodom und Gomorrha« gedreht, und so heißen die Gewässer in diesem Park bis heute »Filmteiche«. In manchen Nächten treiben sich hier verdächtige Gestalten herum, etwa der Wiener Zoologe Michael Häupl, der auch als Bürgermeister tätig ist. Vor rund 15 Jahren hat er die Lurche und Kriechtiere Wiens kartiert und war Koautor bei der Erstellung der Roten Listen. In Oberlaa hat der Bürgermeister seinerzeit auch das Vorkommen der einzigen mitteleuropäischen Wasserschildkröte dokumentiert. Bis heute haben diese urtümlichen Gesellen in den alten Filmteichen des Laaer Bergs überlebt. Nachts machen die Sumpfschildkröten Jagd auf kleine Fische. Abgesehen vom Kurpark wurden die Schildkröten innerhalb des Stadtgebietes nur noch im Prater und in der Lobau gesichtet. Da keimt der Verdacht, daß Wien tatsächlich anders ist als all die anderen Metropolen. Immerhin scheint sie die einzige Weltstadt zu sein, die von einem Zoologen regiert wird.

Von der Peripherie im Osten zu den Heurigen und Villen von Döbling – hier herrscht eine Art von Zeitlosigkeit, die so manchen alten Garten verwildern ließ. Sobald die Bewohner vor ihren Fernsehgeräten sitzen, zieht Meister Grimmbart draußen seine Runden. In den Bezirken am Wienerwald durchlöchern ungezählte Dachsfamilien den Untergrund – meist zum Mißvergnügen der Gartengestalter. Sie suchen nach Obst, Regenwürmern, Schnecken und Engerlingen, was ein gepflegter Rasen nur selten ohne Makel übersteht. Ein Teil der Wiener betrachtet die Dachse als Wunder der Stadtwildnis, als willkommene Abwechslung im grauen Alltag. Andere wiederum sehen sie als lästige Schädlinge und fordern ihren Kopf. Und es sind nicht wenige, die so denken.

Im ORF-Zentrum am Küniglberg ist es Zeit für die Abendnachrichten – und am Dach der TV-Burg ist die Zeit der Nachtfalter gekommen. Martin Lödl und seine Frau Evi sind professionelle Schmetterlingsforscher und haben sich auf Lichtfallen spezialisiert. Eine Quecksilberdampflampe und ein weißes Leintuch erzeugen im Zusammenspiel ultraviolettes Licht, und Schmetterlinge lieben diese Wellenlängen. Damit holen die Forscher in manchen Nächten vom Dach des Fernsehzentrums aus die Falter aus dem Himmel – Gelbe Bandeulen und urtümliche Wurzelbohrer, Bärenspinner und Pyramideneulen, Graszünsler, Große Raseneulen und einige Hausmütter, die zu den häufigsten Schmetterlingen Österreichs zählen. Doch nicht nur Nachtfalter finden zum Licht, auch Schnaken, die aussehen wie übergroße Gelsen, aber nicht stechen können, Schlupfwespen und Springzikaden, Florfliegen und Köcherfliegen. Selbst Käfer fliegen ein, obgleich ein Schwarzer Totengräber am Dach des Sendezentrums ein seltener Gast ist und Weichwanzen viel häufiger sind. Es ist ein stilles Jagdvergnügen, und kein Tier kommt dabei zu schaden. Und die Lödls wissen – der Nachthimmel über Wien steckt voller Mirakel.

Rechte Seite: ***In Wiener Nächten sind Steinmarder als Förderer des Automechanikergewerbes unterwegs.***

Im Tiergarten Schönbrunn zieht derweil Helmut Pechlaner seine Runden. Ein rechtschaffener Tiergartendirektor hat Tag und Nacht im Dienst zu sein. In Schönbrunn sollen die Tiere unbesorgt schlafen können. So einen großen Tiergarten kann man natürlich auch in der Nacht

Rechte Seite: ***Uhus sind in Wien eine ausgesprochene Rarität. Erst seit den achtziger Jahren werden die großen Eulenvögel hin und wieder gesichtet.***

nicht sich selbst überlassen. Nachttierpfleger kümmern sich darum, daß es bei den Tieren überall ruhig ist, daß es keinen Krach gibt oder eine Beißerei. Und sie müssen aufpassen, ob Einbrecher kommen – aber nicht solche, die das Geld in der Kassa holen wollen, obwohl nachts gar keines drinnen ist. Immer wieder werden Menschen ertappt, die etwa scharf auf Papageien oder deren Eier sind. Am Schwarzmarkt wären die gefiederten Juwelen Schönbrunns viel Geld wert.

Trotz aller Vorsichtsmaßnahmen schleichen sich dennoch immer wieder hinterhältige Kerle in den Tiergarten ein. Ihr Ziel ist in den meisten Fällen die Tiergarten-Garage, und sie können unschwer als Steinmarder indentifiziert werden. Sie sind Einzelgänger, die ein großes Revier beanspruchen. Seitdem sie die Städte erobert haben, machen sie hier den Mäusen, Ratten und Tauben das Leben sauer, obwohl sich Marder hauptsächlich vom Obst der Saison ernähren. Wirtschaftlich gesehen, erfüllen sie eine wichtige Rolle als Förderer des Automechanikergewerbes und des KFZ-Ersatzteilhandels. Die Marder schlüpfen in den Motorraum, dort fühlen sie sich geborgen, und oft ist es wohlig warm. Gummi, Plastik und Dämmstoffe werden aus Neugierde beschnuppert und zur Erkundung angebissen. Dieses Spiel findet Nacht für Nacht in Tausenden Wiener Autos statt.

Der Tiergarten ist ein Teil des Schloßparks, der für die Fauna ein einzigartiges Refugium darstellt – auch für manche, die Appetit auf diverse Zootiere hätten. »Tagsüber«, sagt Direktor Pechlaner, »muß ich mich über die hohen Gitter des Flamingo-Geheges ärgern. Die bräuchte man ja überhaupt nicht einsperren, sie laufen ja nicht davon. Aber in der Nacht, da brauchen wir das Gitter wegen der Füchse.« Und Füchse gibt es genug in Schönbrunn, obgleich der Schloßpark vor allem einer alten Füchsin gehört, die seit langer Zeit hier im vornehmsten Fuchsrevier der Stadt das Sagen hat. Die Jahre haben ihren Knochen zugesetzt, dennoch hat sie auch diesmal im Gebiet zwischen dem Schloß, der Gloriette und dem Tiergarten vier Welpen aufgezogen. Im Schloßpark ist das Jagen strengstens verboten, und einem akuten Hungeranfall kann man mit einer Spritztour in den Zoo begegnen. Füchse sind im gesamten Stadtgebiet von Wien weit verbreitet. Entlang der Bahndämme dringen sie bis in die Parkanlagen der inneren Bezirke vor.

Andere große Jäger lassen sich nur alle heiligen Zeiten einmal in der Stadt blicken – so geschehen am 8. September 1995 am Dachboden der Forstlichen Bundesversuchsanstalt in Hietzing. Ein Uhu war offenbar durch den Kamin gefallen und fand nicht mehr nach draußen. Hans Frey, der beste Greifvogel- und Eulenkenner Österreichs, brachte den wehrhaften Vogel in Gewahrsam. Es war ein junges Tier, das auf der Suche nach einem eigenen Revier wohl durch Zufall in die Stadt gelangt ist. Noch in derselben Nacht wurde er in der Umgebung wieder freigelassen. Erst seit den achtziger Jahren werden in Wien hin und wieder Uhus gesichtet – im Schnitt zwei Beobachtungen in zehn Jahren. Die nächsten Brutplätze liegen in Niederösterreich an der Thermenlinie.

Als Tierfreund kann man in Dachböden eine Menge zoologischer Kostbarkeiten entdecken. Dazu ist es jedoch nötig, den weiten Weg in die äußersten Vorstadtregionen auf sich zu nehmen.

1995 auf einem Donaustädter Dachboden entdeckt – brütende Schleiereulen, die in der Nacht Jagd auf Ratten machen.

Hier draußen wird aus dem gemütlichen Wien eine moderne Metropole. Jedem Acker seine Trabantenstadt, heißt die Devise. Zwischen Eßling und Leopoldau kämpft die Tierwelt um jeden Quadratmeter unversiegelten Bodens. Was bleibt, sind die alten Siedlungen und ihre Dachböden. Unweit der städtischen Mülldeponie, des berühmt-berüchtigten Rinter-Zeltes, wurden 1995 in einem Dachstuhl brütende Schleiereulen entdeckt. Es war dies in Wien der erste Nachweis seit mindestens 30 Jahren.

Wer in der Donaustadt auf seinem Dachboden oft knarrende Geräusche hört, der hat es wahrscheinlich nicht mit Schleuereulen zu tun – eher mit Holzwürmern, die ihr Bestes geben, um die Dachbalken zu durchlöchern. Holzwürmer sind keine Würmer, sondern die Larven der Bockkäfer, die als erwachsene Tiere nicht ganz zwei Zentimeter groß werden. Doch wie die Eulen fühlen sie sich bei hohen Temperaturen erst so richtig wohl – am wohlsten bei 25 Grad. Kein Dachbalken ist vor ihrer Beharrlichkeit sicher. Im schlimmsten Fall dauert die Entwicklung vom Holzwurm zum Käfer zehn Jahre. So manches Dach hat dem nicht standgehalten.

Ein Knotenpunkt des nächtlichen Lebens im wilden Wien liegt an der Donau. Zwischen Reichsbrücke, UNO-City und Donauturm wimmelt es nur so von Nachtfaltern, Nachteulen und Nachtschwärmern. Ein paar Minuten stromabwärts hat der Rhythmus auch andere Schwärmer erfaßt. Auf der Donauinsel, im Baustellenbereich des Kraftwerks Freudenau, haben Hasen und

Rehe eine Methode gefunden, um den Baufahrzeugen, den Baggern und dem nächtlichen Lärm gemeinsam zu trotzen. Ihre Lösung heißt – ignorieren. Und so äsen die Tiere friedlich vor sich hin, wie es sich für eine echte Stadtwildnis gehört.

Auch am Donaukanal tummeln sich »wilde Tiere«. Hier ist ein guter Ort, um die zartesten und zerbrechlichsten Wesen der Dunkelheit aufzuspüren – die Heuschrecken, von denen es in Wien Dutzende Arten gibt. Grüne Heupferde sitzen in Wien fast in jedem städtischen Blumentopf. Ihre Gesänge sind nicht zu überhören, und doch weiß niemand über sie Bescheid, denn wir haben verlernt, darauf zu achten. Noch viel häufiger sind die Weinhähnchen. Sie sind kaum eineinhalb Zentimeter groß, aber ihr wohlklingendes Zirpen ist 50 Meter weit zu hören. Auch in manchen Heizkellern zirpt es: Die Gesänge der Heimchen, sehr häuslichen Zikaden, kann man überall in Wien hören, wo es dunkel, trocken und warm ist. Mit den Heuschrecken ist es wie mit den meisten unserer tierischen Mitbewohner. Wir übersehen sie und zerstören eben darum allzuoft ihre Wohnstätten und Nahrungsgründe.

Seit 30 Jahren die ersten Schleiereulen, die nachweislich in Wien das Licht der Welt erblickten.

Und dennoch: Wien ist – und das nicht nur bei Nacht – eine ganz besondere Stadt. Mit Sicherheit ist sie eine der grünsten Metropolen der Welt. Wo sonst gibt es einen Wienerwald, eine Lobau, einen riesigen Prater. Aber diese Lebensräume allein sind zuwenig. Sie sind Lungen für die Stadt, aber sie hätten keine Verbindung untereinander, gäbe es nicht die schlampigen Wiener Gartenbesitzer. In der Wienerstadt gibt es noch Menschen, die im Garten das Laub liegenlassen und nicht alle 14 Tage mit dem Rasenmäher den Rasen trimmen. Und es ist ihnen auch gleich oder vielleicht sogar recht, wenn Hollerbüsche wachsen, wenn eine Eberesche aufkommt, und die nicht stattdessen eine Silberfichte oder Thuje pflanzen. Und dann gibt es auch die Wiener Spezialität – die »Gstätten«. Die alten Gärten und die Gstätten sind als Brücken zwischen den großen Grünanlagen Wiens unverzichtbar. Wenn diese Lebensräume erhalten werden können, dann bleibt Wien auch in Zukunft in der Nacht eine lebendige Stadt.

NACHTS IM WILDEN WIEN

Eine Produktion der Interspot Film Wien im Auftrag des ORF

Buch und Regie: Manfred Christ

Fünftes Kapitel

Der Grosse Weisse Hai

Wie ein lebendiger Alptraum gleitet er aus den Abgründen des Meeres in unser Unterbewußtsein. Er ist einer der letzten großen Räuber unseres Planeten, der noch über ein riesiges Territorium verfügt, in dem er sich frei bewegen kann. Er ist ein Geschöpf von furchterregender Perfektion. Er ist der Große Weiße Hai.

Um den Großen Weißen Hai ranken sich unzählige Mythen und Legenden. Weder zu Wasser noch zu Land vermochte ein anderes Raubtier, den Menschen in solche Angst zu versetzen. Doch der Weiße Hai ist weder ein bösartiger Einzelgänger noch ein blutrünstiger Killer. Er ist ein wählerischer, geschickter Jäger mit einem komplexen Sozialverhalten.

Das Verbreitungsgebiet des Großen Weißen Haies erstreckt sich über alle Weltmeere. Doch er sucht zumeist gemäßigte, warme Gewässer auf, in denen er seine bevorzugten Jagdreviere vorfindet. Am Kap der Guten Hoffnung laufen die Gewässer zweier großer Weltmeere zusammen. Die Südspitze Afrikas ist die Verbindung zwischen dem Atlantischen und dem Indischen Ozean. Die frühen Seefahrer fürchteten diese zerklüftete Küste und nannten sie »Kap der Stürme«. Zahlreiche traurige Überreste gestrandeter Schiffe übersäen das Meeresufer. Die Tierwelt lebt dichtgedrängt an der Kap-Küste. Zu den häufigsten und lebhaftesten Besuchern zählen die Südafrikanischen Seebären.

Zu Frühlingsbeginn suchen die Seebären die vielen kleinen Inseln vor der Küste auf, um ihren Nachwuchs zur Welt zu bringen. Riesige Herden dieser Robben tummeln sich in den vorgelagerten Buchten, die vor der starken Brandung geschützt sind. Diese ruhigen Gewässer sind der Schauplatz einer uralten Fehde. Seit Millionen von Jahren sind die Weißen Haie und die Robben als Jäger und Gejagte eng miteinander verbunden. Doch diese Beziehung ist komplizierter, als sie auf den ersten Blick scheinen mag. Wie der Löwe und die Antilope, so leben auch der Hai und die Robbe in einer Koexistenz, die harmonisch und grausam zugleich ist.

Auf Dyer Island vermehren sich alle Südafrikanischen Seebären zur selben Zeit. Sie bringen eine solch ungeheure Menge an Nachwuchs hervor, daß viele von ihnen Weißen Haien entkommen werden. Doch nicht nur die Haie sind eine Gefahr für die Robben. Auch Nahrungs-

Linke Seite:
Trotz ihres zähnestrotzenden Mauls sind Weiße Haie keine blutrünstigen Killer, sondern intelligente soziale Tiere. Zu Menschenfressern machte sie erst Steven Spielbergs Kino-Schocker.

Südafrikanische Seebären auf Dyer Island vor der Kapküste Afrikas – wenn die jungen Robben geboren werden, gibt es für Weiße Haie kaum reichere Jagdgründe.

mangel und Krankheiten fordern hier ihre Opfer. Das Leben einer jungen Robbe ist gefährlich. Die Muttertiere sind oft tagelang auf dem offenen Meer unterwegs, um nach Nahrung zu suchen. In der Zwischenzeit müssen sich die Jungtiere allein durchs Leben schlagen. Zusätzlich ist die Robbengesellschaft brutal. Die großen Bullen kümmern sich nicht um ihre Jungen – schon gar nicht, wenn sie Revierkämpfe austragen.

Die Robben drängen sich dicht aneinander und bleiben nahe am Ufer. Die tieferen Gewässer der Bucht meiden sie. Diese Ansammlung ist ein höchst effektives System zur gemeinsamen Verteidigung – ähnlich wie bei Gazellen, die in der Herde vor angreifenden Geparden Schutz suchen. Doch manchmal entfernen sich unerfahrene Jungtiere von der sicheren Gruppe, und dann sind sie ein gefundenes Fressen für die hungrigen Haie.

Rechte Seite: ***Das Märchen vom Menschenfresser dient vielen als Ausrede, um Weiße Haie gnadenlos abzuschlachten. Schon stehen sie auf der Roten Liste der bedrohten Arten, nur in Südafrika und Kalifornien sind sie geschützt.***

Der Weiße Hai ist der größte Raubfisch des Ozeans. Schon bei der Geburt ist er bis zu eineinhalb Meter lang. Die Haie, die vor Dyer Island jagen, sind drei bis viereinhalb Meter lang und wiegen bereits einige hundert Kilogramm. Doch sie sind noch Jungtiere. Diese jungen Haie bevorzugen abwechslungsreiche Nahrung, die sich aus Fisch, Kalmaren und sogar aus kleineren Haien zusammensetzt. Doch wenn die Seebären-Weibchen werfen, gibt es kaum reichere Jagdgründe als die Gewässer um Dyer Island. Oftmals treiben tote Seebären-Babies in der Bucht. Haie fressen auch Aas, obwohl sie lebende Beute bevorzugen.

In der Bucht von Dyer Island arbeitet auch die Forschungsgesellschaft für Weiße Haie. Sie erforscht nicht nur die Biologie der großen Räuber, sondern versucht auch, durch Besucherprogramme das falsche Image der Weißen Haie in der Bevölkerung zu korrigieren. Südafrika

455

erkannte als erstes Land der Welt die Bedeutung des Weißen Haies als Raubfisch. Und als erster Staat der Welt stellte Südafrika ihn unter Schutz. Doch so war es nicht immer. Vor nicht allzu langer Zeit waren die Weißen Haie wie die Großkatzen Afrikas beliebte Trophäen. Gemäß der herrschenden Meinung war nur ein toter Hai ein guter Hai. »Carcharodon Carcharias«, wie der Weiße Hai mit seinem zoologischen Namen heißt, war der gefürchtetste Räuber der See. Ihn zu besiegen, galt als Zeichen der Männlichkeit. Und je größer das Monster war, desto stärker war der psychische Anreiz zum Töten. In dieser Zeit wurden die größten Exemplare beinahe ausgerottet. Den Rekord in Südafrika hält ein Hai, der in ein Schleppnetz geraten war, mit einer Länge von sechs Metern und einem Gewicht von 1.400 Kilogramm.

An Land an Haken aufgehängt und zur Schau gestellt, sehen die toten Haie grotesk verformt aus. Sie brauchen das Wasser, um ihre schweren Körper zu tragen. Ein lebender Weißer Hai, der sich in seinem natürlichen Element befindet, ist ein völlig anderes Wesen. Er ist ein majestätisches Geschöpf. Sein stromlinienförmiges Design läßt ihn mit einem Minimum an Energieaufwand und einer unglaublichen Eleganz durch das Wasser gleiten. Schon frühe Kulturen verehrten diese Form. Sie ist ein archetypisches Symbol für die ungebändigte Urkraft der Natur.

Auch heute wird in Südafrika Jagd auf Weiße Haie gemacht – doch nicht, um sie als leblose Trophäen enden zu lassen. Craig Ferreira von der Forschungsgesellschaft für Weiße Haie assistiert Wissenschaftlern, die die Weißhai-Population entlang der Kapküste studieren. Mit Hilfe eines Köders versuchen die Männer, einen Hai anzulocken. Die verbreitete Meinung, Haie würden alles attackieren, das aussieht wie Futter, erweist sich als Legende. In Wahrheit ist der Weiße Hai mißtrauisch, ja sogar scheu. Craigs Aufgabe ist es, den Hai möglichst nahe ans Boot zu locken und unter der Rückenflosse eine Plakette anzubringen. Jeder Hai reagiert unterschiedlich auf den Köder. Während manche erst abwarten, benehmen sich andere äußerst aggressiv. Die Beobachtung von bereits gekennzeichneten Haien kann einige wertvolle Informationen über den Zeitraum seit der letzten Begegnung liefern. Doch die meisten markierten Haie kehren nie wieder zurück und bestätigen so die Annahme, daß sie Nomaden der Ozeane sind.

Trotz der Kenntäfelchen wissen die Forscher weder, wieviele Haie sich in diesen Gewässern bewegen, noch wohin sie ziehen. Um mehr über die Wandergewohnheiten der Haie herauszufinden, testet das Team eine Weltneuheit, die Greg Marshall von der amerikanischen National Geographic Society mitgebracht hat: Er befestigt eine »Crittercam«, eine spezielle Videokamera, die aussieht wie ein Minitorpedo, direkt an der Haut des Weißen Haies. Mit einer Harpune stößt er einen kleinen Widerhaken, an dem die Kamera mit einer Schnur montiert ist, neben der Rückenflosse in den Hai. Wenn Gregs einzigartige Kamera funktionieren sollte, würde sie erstmals aus der Perspektive des Weißen Haies einen Einblick in dessen Welt gewähren.

Tatsächlich funktioniert sie und zeigt erstmals Bilder aus der subjektiven Perspektive eines Haies. Schon die ersten Szenen bestätigen viele Theorien der Forscher: Der Hai gleitet knapp unter der Wasseroberfläche dahin. Dann dreht er sich und nähert sich wie in einer langen Talfahrt zielstrebig dem Meeresgrund. Haie verbringen die meiste Zeit an der Wasseroberfläche

Die »Crittercam« sieht aus wie ein kleines Torpedo und wird dem Hai hinter der Rückenflosse an die Haut geheftet. Nach zwei Stunden fällt sie ab und kann an der Oberfläche geborgen werden.

oder in großen Tiefen, selten jedoch in der blauen Wüste dazwischen. Die hohe Rückenflosse ist erstaunlich geschmeidig. Wie der Kiel eines Bootes sorgt sie für Stabilität und hilft dem Tier, das Gleichgewicht zu halten. Dann kommt ein zweiter Weißer Hai ins Bild. Möglicherweise sind Haie doch nicht die Einzelgänger, für die wir Menschen sie immer gehalten haben. Vor Dyer Island scheinen sie in Gruppen aufzutreten.

Die Crittercam ist mit einem Zwei-Stunden-Band bestückt. Um die Kamera zurückzubekommen, folgt die Crew dem Hai mit Hilfe eines Unterwassermikrophons, das akustische Signale empfängt. Die Pfeiftöne werden von einem Ultraschallsender in der Kamera erzeugt. Die Kamera ist an einem Gelenk befestigt, das sich im Meerwasser auflöst. Nach zwei Stunden sollte sie sich abtrennen. Als der Hai auf einen Artgenossen trifft, reißt das Verbindungsstück ab, und die Kamera steigt an die Wasseroberfläche. Neugierig umkreist und inspiziert der Hai das unbekannte Objekt, das ihn – festgehakt in seinem Rücken – verfolgt hat.

Der Kameramann hat im Moment der Aufnahme keinen Einfluß auf seine Kamera. Die Crittercam hält die Situationen ausschließlich aus der Sicht des Haies fest. Sie liefert somit Aufnahmen, die man sonst niemals zu Gesicht bekäme. »Und nur so«, meint Greg Marshall, »können wir mehr über das Verhalten des Weißen Haies erfahren.« Diese neuen Technologien enthüllen auch Einzelheiten über das Verhältnis zwischen Weißen Haien und Robben. Es ist spannender und komplexer, als man je vermutet hätte.

Wenn es auf Dyer Island keine Jungtiere mehr gibt, die eine leichte Beute wären, jagen die Weißen Haie erwachsene Tiere. Und die sind unglaublich schnell, wendig und wachsam. Daher

Im Kiefer eines Weißen Haies sitzen messerscharfe Zähne mit gesägten Rändern in mehreren Reihen hintereinander. Fällt ein Zahn aus, rutscht der nächste nach.

kann der Hai nicht im Hinterhalt lauern. Nun ist eine kühnere Taktik gefragt. Der Weiße Hai zieht seine Kreise gut sichtbar. Die Seebären reagieren, indem sie sich sammeln und im Verband dahinjagen. Wie Vögel, die über einen Feind herfallen, oder Gazellen, die einen Geparden verfolgen, schwimmen auch die Robben hinter dem Hai her. Sie versuchen vermutlich, den Feind im Auge zu behalten oder ihn zu verwirren – oder einfach herauszufinden, ob er tatsächlich hungrig ist. Der Trick dabei ist, nicht selbst zur Mahlzeit zu werden. In diesem Spiel verfolgt der Weiße Hai die Strategie, möglichst uninteressiert zu wirken. Doch er hält ständig Ausschau nach Nachzüglern. Und wenn er einmal zubeißt, dann ist der Todeskampf des unglücklichen Seebären nur kurz. Stück für Stück verschwindet der Rumpf zwischen den kräftigen Kiefern, die von messerscharfen Zähnen mit gesägten Rändern gesäumt sind.

An der Kapküste Afrikas kämpfen die Haie gegen die Verteidigungsstrategie einer ganzen Gruppe. Doch im Pazifik vor der Küste Kaliforniens müssen sie mit einer anderen Methode der Verteidigung fertig werden. Die Farallons sind eine abgelegene Inselgruppe. Sie liegen rund 40 Kilometer vor der Küste von San Francisco. Hier leben Nördliche See-Elefanten, sie halten sich zumeist am Meeresgrund auf und verstecken sich, um möglichen Hai-Attacken aus dem Weg zu gehen. Beim Auftauchen ist die Gefahr, angefallen zu werden, für das Tier am größten – vor allem für die Jungtiere. Wenn der Nachwuchs der See-Elefanten kommt, tummeln sich hier Unmengen von Weißen Haien. Es sind große, erwachsene Tiere. Die Haie umkreisen die Inseln, verbergen sich in der Tiefe und warten. Wenn die See-Elefanten den Strand erreicht haben, sind sie in Sicherheit. Die Farallon Inseln sind ein staatliches Naturschutzgebiet, das vom U.S. Fish and Wildlife Service betreut wird. In Kalifornien stehen sowohl die See-Elefanten als auch die Weißen Haie unter Schutz.

Scot Anderson leitet das Forschungszentrum auf den Farallons. Er hat den Angriff eines Haies ausgemacht und informiert seine Kollegen. Zusammen mit Peter Pyle, einem Biologen, macht er das Boot startklar. Die Männer beeilen sich, um die Hai-Attacke aus der Nähe zu beobachten. Das sauerstoffreiche Blut eines See-Elefanten hat das Meer bereits purpurrot gefärbt. Gleich der erste Biß hat den See-Elefanten getötet. Die Länge des Weißen Haies ist enorm. Er ist beinahe so groß wie ein Kleinbus – auf jeden Fall viel mächtiger als das fünf Meter lange Boot. Der junge See-Elefant wiegt 200 Kilogramm. Ihn zu verschlingen, dauert seine Zeit. Stück für Stück verschwindet die Beute im Rachen des Haies. Heftige Schläge mit der Schwanzflosse unterstützen den Freßvorgang der Zweitonners.

Scot und Peter halten sich dicht an den Hai, um den Prozeß seiner Nahrungsaufnahme genau zu beobachten. Sie manövrieren das Boot so nahe wie möglich, ohne ihn jedoch zu behindern. Mittlerweile kreisen zwei Weißhaie unter dem Boot. Für diese Studie über Weiße Haie in ihrer natürlichen Umgebung fotografieren Scot und Peter jeden einzelnen Hai, der sich über den Kadaver hermacht. Die Haie sind zwar wegen der Beute zurückgekehrt, doch ihr Interesse gilt allem, was sich an der Wasseroberfläche bewegt. Sie stoßen sogar gegen das Boot der Forscher. Ob aus Hunger, Aggression oder schlichter Neugier, weiß niemand.

Bislang nahmen Forscher an, daß sich an jedem Kadaver nur ein einzelner Hai einfindet. Kürzlich entdeckte man jedoch, daß sogar drei bis fünf Haie plötzlich auftauchen, um die Beute zu untersuchen. Doch es findet kein wilder Kampf um den Fang statt. Die Tiere nähern sich dem Kadaver langsam und ruhig. Die Rangordnung wird durch eine Reihe von optischen Signalen und durch die Körperhaltung bestimmt. Die Weißen Haie haben eine eigene Körpersprache, die erst langsam entschlüsselt wird. Jedenfalls scheint die Körpergröße den Ausschlag zu geben. Die größeren Haie kontrollieren die Situation.

Nachdem sie den See-Elefanten restlos verschlungen haben, tauchen die Haie in größere Tiefen ab, um sich wieder auf die Lauer zu legen. Durch die raffinierte Schattierung ihrer Haut – mit einer hellen Bauch- und einer dunklen Rückenseite – sind sie am Meeresgrund kaum von oben auszumachen. Doch die Forscher kennen stets die exakte Position eines der Haie. In seinem Magen befindet sich ein kleiner Sender, der in einem Köder versteckt war. Mit Hilfe des Mini-Senders können sie den Hai nicht nur aufspüren. Er mißt auch dessen Magentemperatur, die höher ist als die seiner Umgebung. Der Große Weiße Hai ist ein Warmblüter.

Ein Ergebnis der Studie ist, daß die Haie dazu neigen, wiederholt zu den gleichen Jagdgründen um die Farallon-Inseln zurückzukehren. Ihrer speziellen Jagdtechnik entsprechend patrouillieren die Haie am Meeresboden und beobachten die Silhouetten an der Wasseroberfläche. Dieses Verhalten nützt Scot Anderson für seine Hai-Beobachtungen, die an die Methode erinnern, mit der man bereits Wale studiert hat. Er versucht, jedes einzelne Exemplar zu fotografieren,

Folgende Doppelseite:
Der Weiße Hai ist der größte Raubfisch des Meeres. Weibliche Haie können bis zu siebeneinhalb Meter lang und mehr als drei Tonnen schwer werden. Männchen hingegen bringen es nur auf etwas über fünf Meter.

Was von unten aussieht wie eine Robbe, wird von den Weißen Haien um die Farrallon-Inseln blindlings attackiert, auch wenn es sich nur um ein Surfbrett mit Kamera handelt.

um es später identifizieren zu können. Er ködert die Haie mit einem Objekt, das – von unten betrachtet – einem See-Elefanten ähneln könnte. Mit einem Surfbrett funktioniert sein Plan bestens, es wird blindlings angegriffen. Anderson macht Fotos der Rückenflosse und des Schwanzes, jene Körpermerkmale, die sich von Hai zu Hai am stärksten unterscheiden. Und schließlich rüstet er auch das Brett mit einer Kamera aus. Damit gelingen ihm die ersten Filmaufnahmen von Großen Weißen Haien vor der Küste Kaliforniens.

Auf den begehrten Nahaufnahmen, die Scot glückten, sind Narben und unterschiedliche Schattierungen deutlich zu erkennen. Anhand dieser Bilder kann er die einzelnen Tiere bestimmen. Doch die Narben der Farallon-Haie lassen auch Schlüsse auf ihre sozialen Rituale zu. Ihr Imponiergehabe, das vor direkten Konfrontationen schützen soll, scheint Kämpfe nicht immer zu verhindern. Große weibliche Haie weisen Narben auf, die sowohl Kampfspuren als auch Folgen der Paarung sein können. Man konnte die Paarung von Weißen Haien noch nie beobachten, doch man darf annehmen, daß ihr Sexualverhalten einigermaßen turbulent ist.

Scot und Peter katalogisieren alle ihnen bekannten Haie, die jeden Herbst zu den Farallons zurückkehren. Sie haben ein Archiv aus Filmen, Fotos und Zeichnungen angelegt. Nach sieben Jahren der Beobachtung können sie bereits 40 Exemplare identifizieren. Einige werden während einer Saison gesichtet und kehren nie wieder zurück. Andere hingegen tauchen Jahr für Jahr wieder um die Farallons auf.

Die Forscher haben bereits Bekanntschaft mit einigen der Heimkehrer gemacht und sie ins Herz geschlossen. Einer der Haie ist durch eine stumpfe Schwanzflosse deutlich zu identifizieren. Ob er in der Nähe ist, merkt man gleich, wenn Scot ihn mit dem Surfbrett ködert. Wie ein präziser Torpedo rast der Hai von unten auf sein vermeintliches Opfer zu. Die betäubende Wucht des ersten Schlages kann einen See-Elefanten bereits außer Gefecht setzen. Die Strategie des Haies spart Energie und minimiert das Risiko, bei dem Angriff selbst verletzt zu werden. In dieser Gegend ist kein anderer Hai erfolgreicher als »Stumpy«. So haben die Forscher das energische Hai-Weibchen genannt.

Der Große Weiße Hai ist der ultimative Räuber. Er ist vielschichtig und dennoch anpassungsfähig. Er verändert seine Strategien je nach Bedarf und überlistet sogar extrem wendige Beutetiere. Doch viele Einzelheiten seines Verhaltens in freier Wildbahn sind nach wie vor ein Geheimnis. Von all den großen Raubtieren der Erde ist der Weiße Hai der einzige, den wir Menschen weder einsperren noch zähmen können. Bis heute ist er ein Symbol für die unbändige Kraft der Natur, und als solches hat er sich unauslöschlich in unser kollektives Bewußtsein eingeprägt. Vielleicht brauchen wir Menschen das Gefühl, daß er irgendwo in den Ozeanen lauert. Denn wie Tiger und Bär auf dem Festland so ist er im Meer der Inbegriff von archaischer Wildheit – der Große Weiße Hai.

DER GROSSE WEISSE HAI

Eine Produktion der BBC in Zusammenarbeit mit der National Geographic Society und dem ORF

Buch und Regie: Paul & Grace Atkins; Deutsche Bearbeitung: Sabine Holzer

Sechstes Kapitel

Inseln in Afrikas Himmel

Die großen Savannen Ostafrikas – das ist der Schwarze Kontinent, wie wir ihn kennen. Es ist ein goldenes Land mit der dichtesten Wildtier-Konzentration auf der Erde. Die großen Herden ziehen durch ein scheinbar grenzenloses Meer aus Gras. Doch über den heißen Ebenen erhebt sich eine andere Welt – ein Land riesiger Berge. Von vulkanischen Kräften über viele Jahrmillionen aus der Erdkruste emporgetrieben, überragen sie die Landschaft. Wo der Große Grabenbruch Ostafrika durchschneidet, stehen diese Berggiganten. Ihre Gipfel steigen wie Inseln aus einem Meer von Wolken. Mitten im tropischen Afrika, am Äquator, haben sie ein Klima so rauh wie die Arktis. Es ist eine Welt der Extreme, eine Welt rauchender Vulkane und bitterer Kälte. Wer hier bestehen will, den prüfen die Elemente bis zum äußersten. Die Natur muß all ihre Kräfte aufbieten, um in den abgeschiedensten Gebirgsregionen der höchsten Gipfel zu überleben – jenseits der Wolken auf den Inseln in Afrikas Himmel.

Der Mount Kenia: 5.200 Meter strebt dieser urtümliche Vulkan in den afrikanischen Himmel. Er ist drei Millionen Jahre alt, doch die Zeit hat sein Feuer längst gelöscht. Wie ein ozeanisches Eiland beherbergt auch jeder dieser Inselberge Ostafrikas seine ganz spezielle Gemeinschaft von Pflanzen und Tieren. Hochland-Klippschliefer, eine Unterart des Johnston-Klippschliefers, gibt es nur auf dem Mount Kenia. Nach den Minusgraden der Nacht brauchen diese murmeltierartigen Tiere, die allerdings die nächsten Verwandten der Elefanten sind, ein zweistündiges Sonnenbad, bevor sie sich genug erwärmt haben, um sich frei bewegen zu können. Sie sind viel größer und haben auch dichtere Pelze als ihre Artgenossen in den heißen Ebenen am Fuße des Mount Kenia. In der dünnen Bergluft schützt sie ihre verbesserte Wärmeisolation nicht nur gegen die bittere Kälte, sondern auch gegen die sengenden Strahlen der äquatorialen Sonne.

Auf dem Mount Kenia tragen sogar Pflanzen einen Pelz. Riesenlobelien schützen sich mit flaumigen Blättern vor der rauhen Witterung. Darunter befinden sich die kleinen Blüten, nach denen Nektarvögel Ausschau halten. In Afrika erfüllen sie dieselbe Funktion wie die Kolibris in

Linke Seite:
Der Kilimandscharo, der »weiße Berg« – fast 6.000 Meter erhebt sich das vergletscherte Dach Afrikas aus den heißen Savannen in den Himmel.

Amerika. Sie bestäuben die Pflanzen und ernten dafür süßen Nektar. Der Lobelien-Nektarvogel hat sich auf diese erstaunlichen Riesenpflanzen spezialisiert. Aus diesem Grund ist er auch der einzige Nektarvogel, der in solcher Höhe überleben kann.

Den Körper warm zu halten, ist in diesen extremen Höhenlagen entscheidend. Kleine Antilopen wie der Kronenducker haben ein wolliges Fell wie Hochlandschafe und suchen auf den Hängen nach Gräsern und Kräutern. Erst am späten Vormittag erwärmt sich die Bergwelt. Dann kommt auch wieder Leben in die Klippschliefer-Kolonie, und die Muttertiere beginnen, ihre Jungen zu säugen. Zwar grasen sie zumeist die Matten um ihre Baue ab, doch Klippschliefer finden auch an den fleischigen Blättern des Baumgreiskrauts Geschmack. Diese Pflanzen brauchen ein gutes Jahrhundert, um zu einer Größe von sechs Metern heranzuwachsen, nur um binnen Stunden kahlgefressen zu werden.

Wenn feuchte Luftmassen vom Indischen Ozean am Gipfel des Mount Kenia hängenbleiben, verändert diese grandiose Bergwelt auf dramatische Weise ihr Gesicht. Wolken verdunkeln die Sonne, die Temperaturen fallen drastisch, und plötzlich herrschen arktische Verhältnisse am Äquator. Es ist kaum zu glauben: Während am Fuß des Mount Kenia die Savanne unter der sengenden Sonne stöhnt, tobt darüber auf 4.800 Meter Seehöhe ein Schneesturm. Der Blizzard erschafft eine Landschaft, die man eher in Alaska als in Afrika vermuten würde.

Als die ersten europäischen Forschungsreisenden nach ihrer Rückkehr aus Afrika behaupteten, sie hätten im Herzen des Schwarzen Kontinents, am Äquator, Schneeberge gesehen, glaubte man ihren Erzählungen kein Wort. Doch die weiße Pracht bleibt nie lange liegen. Die tropische Sonne sorgt dafür. Dann schießt Schmelzwasser über die Bergmatten – kristallklar und so kalt und rein, daß kaum etwas wachsen kann, wo es zu Tal fließt. Nur eine primitive Pflanze schafft es dennoch, darin aufzublühen. Es ist eine ringförmig wuchernde Alge, die mit den kargen Nährstoffen in den Schmelzwasserseen ihr Auslangen findet. Sie beweist, daß das Leben imstande ist, selbst die ödesten Plätze zu besiedeln.

Der Mount Kenia ist nicht für die Ewigkeit gemacht. Sonne, Wind und Schnee nagen an seinem vulkanischen Kadaver. In weiteren drei Millionen Jahren wird der Berggigant viel von seiner Größe verloren haben. Eines Tages wird er wohl so aussehen wie die Aberdare-Berge, eine weitere Vulkaninsel 60 Kilometer westlich. Die Aberdares sind doppelt so alt wie der Mount Kenia. »Drachenzähne« werden ihre vom Frost gesprengten Gipfel genannt, die längst zu Lava-

Eine Riesenlobelie auf dem Mount Kenia – ihre Blätter sind mit Frostschutzflüssigkeit gefüllt, um auf 5.000 Meter Höhe Schnee und Kälte widerstehen zu können.

stümpfen verwittert sind. Oft wandern Elefantenherden von den Savannen in die Aberdare-Berge. Die Dickhäuter sind zäh genug, um in die Hochmoore der Aberdares vorzudringen. 1.200 Meter niedriger als der Mount Kenia, haben diese Berge ein milderes Klima. Ohne allzu große Konkurrenz von anderen Pflanzen wächst Heidegras hier zu sechs Meter hohen Riesenbüschen heran. Ihrem großen Appetit folgend, finden die Elefanten an diesen übergroßen Sträuchern Geschmack.

Auch andere Säugetiere ziehen von den Ebenen hinauf in die Berge. Löwen scheinen in den Savannen unter der flimmernden Hitze zu leiden. Doch hier oben genießen diese großen tropischen Katzen das kühle Klima. Große warmblütige Tiere wie Löwen und Elefanten sind von Natur aus gute Wanderer und haben keine Probleme damit, die Berge hinauf- und hinunterzusteigen. Doch die dünne Bergluft enthält weniger Sauerstoff. Für Waldtiere wie Kaffernbüffel ist bereits der Aufstieg auf die Aberdares eine große Anstrengung. Die atemberaubenden Höhen des Mount Kenia könnten sie nie erklimmen.

Heide- und Schopfgras überziehen den Großteil der Hochmoore. Sie werden von Gebirgsbächen bewässert und bieten für alle möglichen Tiere einen idealen Lebensraum. Darunter sind auch so kleine Lebewesen wie die Streifengrasmaus. Ihre Vorfahren lebten einst in den heißen Savannen. Heute sind die kleinen Nager erfolgreiche Bergsteiger. Zu ihrem Glück ist es in diesen Hochmooren für die meisten Schlangen viel zu kalt. Doch ein anderer Räuber ist selten weit entfernt. Der Serval ist der perfekteste Mauser von allen. Seine langen Beine lassen ihn über die Gräser spähen, und seinen übergroßen Ohren entgeht nicht einmal das leiseste

Junge Löwen in den Aberdare-Bergen. Die Löwen-Population ist hier in den vergangenen Jahren überraschenderweise enorm angewachsen.

Rascheln. Die Haare in den großen Ohren dienen als Filter, der die Geräusche des Windes im Gras von denen trennt, die von den leisen Bewegungen der Beute stammen. Doch hier oben gibt es noch viel spektakulärere Servale. Wie etwa bei Jaguaren und Leoparden gibt es auch bei Servalen nicht nur normal gefleckte Tiere, sondern auch Schwärzlinge. Schwarze Servale gibt es zwar auch anderswo in Afrika, doch in diesen Bergen sind sie häufiger als gewöhnlich anzutreffen. Die Ursache dafür ist bis heute ein Rätsel.

Die Aberdares sind heute nur mehr ein Schatten ihrer einstigen Größe. Dennoch bleiben an ihren runden Rücken noch genügend Regenwolken hängen, um viele großen Flüsse Kenias mit Wasser zu füllen. Die Inseln in Afrikas Himmel haben aber auch ihre eigenen Gezeiten. Jeden Morgen steigt eine Flutwelle kühlen Nebels in die Luft. Die hohe Luftfeuchtigkeit läßt dichte Nebelwälder üppig wuchern. Auf Wolkenhöhe bekommen die Berge die höchste Niederschlagsmenge ab. Durch die Wälder ziehen Flüsse, die Elefanten zum Trinken einladen. Das dichte Unterholz der Wälder begünstigt auch die Löwen bei ihren Überraschungsangriffen. Hier sind sie ebenso stark vertreten wie auf den Hochmooren.

Vorhergehende Doppelseite: ***Der Gipfel des Mount Kenia – riesige Baumgreiskräuter prägen die Höhenlagen des alten, längst erloschenen Vulkans.***

Aus unbekannten Gründen ist in den vergangenen Jahren die Zahl der Löwen in den Aberdares drastisch gestiegen. Die hohe Löwen-Population ist vielleicht die Ursache für den Niedergang der größten, seltensten und sicherlich scheuesten Waldantilope Ostafrikas – des Bongos. Weniger als 50 Tiere gibt es noch in Ostafrika. Die Aberdares sind ihre letzte Zuflucht. Die ostafrikanische Bongos wurden von ihren Artgenossen in Zentralafrika getrennt, als in den Tiefebenen die Wälder zurückwichen und Grassteppen Platz machten. Heute führen sie auf den Aberdare-Bergen ein Robinson-Dasein. Sie sind gestrandet auf dieser Insel in Afrikas Himmel.

Die scheuen Bongos führen in den Aberdare-Bergen ein heimliches Leben. Und dennoch müssen sie sich noch mehr als bisher vor den Löwen in acht nehmen, wollen sie nicht für immer aus den Bergwäldern Ostafrikas verschwinden.

Die Wälder der Aberdares bergen noch viele andere Überraschungen – etwa die Mähnenratte. Das kenianische Hochland ist eine der wenigen Gegenden, wo diese seltenen Nager zu finden sind. Das stinktierartige Aussehen der Ratte kündet von ihrem atemberaubenden Duft. Wenn sie sich bedroht fühlt, entblößt sie Drüsenzonen an beiden Seiten des Körpers. Diese chemische Keule zur Schau gestellt, wandert die Mähnenratte sicher vor den meisten Feinden durch das Unterholz.

Die Berge erzeugen Feuchtigkeit im Überfluß, und daher gedeiht hier sogar Bambus. Entlang der unteren Ränder des Bambusgürtels wuchern dichte Wälder und leuchtende Blüten. Aufgrund des kühlen Bergklimas gibt es hier nur wenige Insekten, und so vertrauen viele Pflanzen für ihre Bestäubung auf warmblütige Vögel. Nur in den wärmeren Niederungen teilen sich Vögel und Insekten diese Aufgabe. Und die Insekten, die es gibt, müssen sich vor allem vor einem Räuber in acht nehmen – vor dem Dreihornchamäleon. Es sieht aus wie ein Triceratops im Miniaturformat. Und dieser Westentaschen-Dinosaurier hat einen unersättlichen Appetit auf Insekten. Seine unübertroffene Jagdtechnik verdankt er einem der erstaunlichsten Designs, das die Natur je erfunden hat. Wie die Kugel eines Scharfschützen schießt sie aus seinem Maul und verfehlt nur selten ihr Ziel – die schnellste Zunge in Afrika.

Auf diesen isolierten Bergen hat die Evolution die eigentümlichsten Arten hervorgebracht. Das Ostafrikanische Dreihornchamäleon mit seinem einzigartigen Kopfschmuck ist nur eine

Das Ostafrikanische Dreihornchamäleon erinnert an einen Dinosaurier im Miniaturformat.

davon. Als kaltblütiges Reptil kommt es nur in den niederen Regionen der Wälder vor. Die Männchen patrouillieren auf ihren bevorzugten Jagdästen und verteidigen sie gegen Rivalen. Ihre Waffen sind die drei Hörner, mit denen sie sich verkeilen wie zwei brünftige Hirsche. Auch die Weibchen haben Hörner, doch ihre sind viel kleiner. Um die Rivalen einzuschüchtern, klopfen die Männchen mit ihren Hörnern auf den Ast. Die Vibrationen werden von den anderen wahrgenommen. Ob es zum Kampf kommt, entscheidet allein die Körpergröße der Kontrahenten, Nur wenn sich zwei Gegner gleicher Größe gegenüberstehen, ist ein Duell unausweichlich. Das Ziel ist, den anderen aus dem Baum zu werfen. Chamäleons sind uralte Reptilien – älter sogar als die Berge selbst. Die Welt um sie herum mag sich verändern, doch sie bleiben, was sie sind, und wechseln höchstens ihre Farbe.

Der üppige Nebelwald bietet nicht nur Insektenkost für Dreihornchamäleons. Auch Grasfresser wie Kaffernbüffel finden hier Grünfutter im Überfluß, das aber nicht alle Mineralien enthält, die sie zum Leben brauchen. Vor allem fehlt es ihnen an Salz, und so sind sie gezwungen, Salzlecken zu besuchen – Stellen, wo die Erosion die Mineralien ans Tageslicht gefördert hat. Unzählige Zungen und Hufe haben den Boden bloßgelegt und so ihren Teil dazu getan, den Berg langsam abzutragen. Die Salzlecken sind für alle möglichen Tiere wichtig – Arten, die einander gewöhnlich nicht begegnen würden. Büffel treffen hier auf Elefanten und müssen den grauen Riesen ausweichen, wenn diese die alleinige Oberhoheit über die Salzlecken fordern. Riesenwaldschweine, die größten Wildschweine der Welt, ziehen die wertvollen Mineralien ebenfalls an. Sie kommen nur in den Bergwäldern Afrikas vor, die scheuen und nachtaktiven Tiere verlassen bei Tageslicht nur selten den sicheren Wald. Und auch Weißkehlmeerkatzen kommen an die Lecken. Diese Affen mit einem charakteristischen weißen Latz auf der Brust gibt es ausschließlich in den Aberdares und am Mount Kenia.

Tag für Tag nagt der Zahn der Zeit am Mount Kenia und an den Aberdares. Irgendwann in einer fernen Zukunft werden sie zu Staub zermahlen sein. Und der Wind wird ihn über die heißen Savannen Ostafrikas tragen. Doch dieselben Naturgewalten, die einst die Aberdares und den Mount Kenia auffalteten, sind noch immer am Werk. Noch heute stoßen sie neue Inseln in Afrikas Himmel. Mit 2.800 Metern ist der Ol Donyo Lengai noch ein Berg im Wachsen – »Berg der Götter« nennen ihn die Massai. Vor kurzem brach der junge Vulkan aus und erstickte alles Leben an seinen Flanken unter einer Decke aus Asche. Doch die Vorhut der Natur ist bereits zurückgekehrt: die Klippspringer, geübte Bergsteiger und unter den Huftieren einzigartig. Sie treten ausschließlich mit den Spitzen ihrer Hufe auf und können sich so wie mit Steigeisen meisterhaft auf Fels bewegen. Dennoch bleiben die Flanken des Lengai ein gefährliches Revier, ein neuerlicher großer Ausbruch ist längst überfällig.

Rechte Seite: ***Gegen Abend hallen die unheimlichen Rufe der männlichen Kilimandscharo-guerezas durch die Nebelwälder an den Hängen von Afrikas höchstem Berg.***

Der Lengai ist nur halb so hoch wie der Mount Kenia – eine junge Insel, die gerade die Wolken zu durchstoßen vermag und noch immer wächst. Doch einen Berg gibt es in Afrika, der ist mächtiger als alle anderen. Gegen diesen Koloß ist der Lengai ein Zwerg. Sein Gipfel ragt fast 6.000 Meter hoch in den afrikanischen Himmel – der Kilimandscharo, der »weiße Berg«. An

den Hängen des Daches Afrikas wuchern tropische Wälder, die direkt von den ausgedörrten Savannen in die Höhe steigen und in denen während der Nacht Frost herrschen kann.

Nebel und Wolken spenden ihnen reichlich Wasser, das feuchte Klima ist ideal für Tiere wie die Kilimandscharo-Chamäleons. Es ist eine eigene Unterart, die es nur hier gibt. Auch die hübschen Bergbrillenvögel kommen nur auf dem Kilimandscharo und dem benachbarten Hochland vor. Sie müssen sich beeilen, um in einem Tümpel ein Morgenbad zu nehmen. Das vulkanische Gestein des höchsten Berges Afrikas ist porös, stehendes Wasser ist sehr kurzlebig.

Ein junger Bartgeier – auf dem Bergstock des Kilimandscharo kann nur eine einzige Geierfamilie genug Aas zum Überleben finden.

Jeder große Berg Ostafrikas hat die Evolution ermutigt, einzigartige Tierarten hervorzubringen. Auch auf dem Kilimandscharo gibt es Weißkehlmeerkatzen. Doch ihnen fehlt jenes Merkmal, dem sie ihren Namen verdanken – der weiße Brustlatz. Diese eigene Unterart ist einheitlich grau gefärbt. Auch die schwarzweißen Stummelaffen, die Guerezas, sind in den meisten Nebelwäldern Äquatorialafrikas heimisch, doch die Zeichnung ihres Fells variiert von Berg zu Berg. Die Kilimandscharoguerezas zeichnen sich durch einen besonders langen weißen Schweif aus.

Die unheimlichen Rufe der männlichen Leitaffen künden von der nahenden Dämmerung. Gegen Abend, wenn der Wald zur Ruhe kommt, sinken die Temperaturen. Jenseits der Baumgrenze befindet sich eine fremde, eine lebensfeindliche Welt, über der eine eisige Stille liegt. Nichts rührt sich, nur das Erdreich hebt sich unter dem Druck zahlloser Eiskristalle, die der Oberfläche entgegenwachsen. Hier ist es Winter in jeder Nacht und Sommer an jedem Tag. Nur wenige große Säugetiere können auf 4.000 Meter Seehöhe genug Nahrung finden. Elenantilopen schaffen es, im Schatten der Gletscher des Kilimandscharo zu überleben.

Erst in den Morgenstunden entläßt der Nachtfrost die hochalpine Moorlandschaft aus seinem eisigen Griff. Wo des Nachts die Eiskristalle blühen und das Erdreich aufwühlen, können nur wenige Pflanzen Wurzeln schlagen. Hier gedeihen nur die widerstandsfähigsten Gräser. So gewaltig sind die Höhen des Kilimandscharo, daß das Leben nirgendwo in Afrika härter ist als auf seinen Bergmatten. Hier sind die Lobelien noch robuster als auf dem Mount Kenia. Geschützt von Blättern, die mit einer Frostschutzflüssigkeit gefüllt sind, produzieren die kleinen Blüten Nektar im Überfluß. Doch auf dem Kilimandscharo ist es das Baumgreiskraut, das alle Rekorde bricht und eine Höhe von neun Metern erreicht. Zarte haarige Blätter schützen seine Kronen in der Nacht vor dem Frost und am Tag vor der intensiven Sonnenstrahlung. Seine geschwollenen Stämme sind mit totem Blattwerk umgeben, um den Feuchtigkeitsverlust in der trockenen Höhenluft zu reduzieren.

Auf 4.200 Metern wird der Inselcharakter des Kilimandscharo deutlicher denn je. Und noch immer sind es 1.700 Höhenmeter bis zu seinem Gipfel. In den Aufwinden, die von seinen vereisten Flanken aufsteigen, kreisen Bartgeier auf ihrer endlosen Suche nach Aas. Sie sind die größten Greifvögel Afrikas. Auf Flügeln von fast drei Metern Spannweite gleiten sie in den Luft-

strömungen und können so in kurzer Zeit riesige Distanzen überwinden – ein Muß auf einem Berg, dessen Massiv an die 70 Kilometer breit ist. Als Geier sind sie geborene Aasfresser, doch Bartgeier sind nur an Knochen und dem fetten Mark in ihrem Inneren interessiert. Der Appetit des Vogels ist sagenhaft. Er kann einen 30 Zentimeter langen Knochen in einem Stück verschlucken. Bartgeier waren auch in den Alpen weit verbreitet. Man nannte sie »Lämmergeier« und rottete sie als vermeintliche Schafmörder erbarmungslos aus. Auf den Höhenlagen des Kilimandscharos ist das Nahrungsangebot überaus karg. Tatsächlich ist auch Aas hier so spärlich, daß dieser riesige Berg nur eine einzige Familie der seltenen Geier ernähren kann. In ganz Ostafrika gibt es nicht mehr als 50 Brutpaare.

Die »Arktis Afrikas« – der Gipfelkrater des Kilimandscharo. Das vulkanische Herz des »weißen Berges« ist immer noch aktiv.

Oberhalb der Hochmoore haben die vulkanischen Kräfte ein Land erschaffen, in dem das Leben keinen Halt mehr findet – die »Arktis Afrikas«. Der Boden ist kahl, die Kälte unerträglich. Sogar die Luft ist von winzigen Eiskristallen erfüllt. Mit seiner Krone aus Eis thront der majestätische Gipfel des Kilimandscharo weit über den Wolken. Der »weiße Berg« ist eine stille Welt, einsam wie der Mond, 6.000 Meter hoch. Gletscher beherrschen das Dach Afrikas, ewiges Eis in einem Bett aus Vulkanasche. Es ist kaum vorstellbar: Der Äquator liegt nur drei Grad nördlich, die sonnenverbrannten Savannen nur einige Kilometer tiefer. Mit der Zeit wächst der Kilimandscharo vielleicht noch höher, denn der Krater in seinem Herzen ist noch immer aktiv. Der Kilimandscharo – er ist der unumstrittene König der Inseln in Afrikas Himmel.

INSELN IN AFRIKAS HIMMEL

Eine Produktion von Wildlife Films und Partridge Films für BBC und NOVA-WGBH Boston in Zusammenarbeit mit dem ORF

Regie: Partrick Morris; Buch: Brian Jackman, John Sparks; Deutsche Bearbeitung: Walter Köhler

Siebentes Kapitel

Die stillen Einwanderer

Sie überschritten die Grenze nach Österreich am hellichten Tage und bei Nacht und Nebel, sie reisten zu Fuß, per Lkw und mit dem Wind, einige kamen freiwillig, andere als Gefangene. Sie stammen aus Rußland, Japan, China und Amerika und erobern auf leisen Sohlen das Land – die »stillen Einwanderer« aus dem Tier- und Pflanzenreich.

Die Waschbären zählen wohl zu den stillsten Einwanderern. Für unsereins sind sie unsichtbar, und selbst Berufsjäger finden allenfalls ihre Spuren. Die kleinen Amerikaner sind Meister des Versteckspiels. Anders als in ihrer nordamerikanischen Heimat sind sie in Mitteleuropa nachtaktiv und verbergen sich während des Tages im Altgehölz an Flußufern – in Österreich etwa in den Marchauen und im Wein- und Waldviertel, wahrscheinlich aber in der ganzen Alpenrepublik. Wieviele Waschbären zwischen Bodensee und Neusiedler See leben, ist unbekannt. Und sie verstecken sich aus gutem Grund: Im vergangenen Jahrzehnt kam es in Österreich zu genau 18 Begegnungen zwischen Waschbär und Mensch. Bei diesen unfreiwilligen Treffen wurden die Tiere entweder überfahren, erschlagen oder abgeschossen.

Die ursprüngliche Heimat des Waschbären erstreckt sich von Südkanada über die USA bis nach Panama. Seine erste Europareise trat er in den dreißiger Jahren an. Damals importierten Pelzhändler die ersten Exemplare nach Deutschland. Im Bundesland Hessen wurden sie gezielt ausgesetzt. Andere Waschbären wollten ihr dichtes, warmes Fell retten und machten sich bei der ersten Gelegenheit aus dem Staub. Die Ausbrecher verschwanden in den umliegenden Wäldern. Und so wurden die Waschbären zu Europäern, gingen auf Wanderschaft, vermehrten sich, und 1974 tauchte der erste nahe der Tiroler Grenzstadt Lofer auf.

Mittlerweile haben sich die Waschbären in Österreich sehr gut eingelebt. Denn das gemäßigte Klima ist ideal für die kleinen Amerikaner. Und heikel sind sie auch nicht, sondern fressen so gut wie alles, was nicht davonläuft – Obst und Früchte, aber auch Vogeleier, Mäuse und Eidechsen. Allerdings neigen sie nicht wie die Großbären zu Freßorgien, sondern ziehen gepflegte Mahlzeiten vor, vorzugsweise mit Blick aufs Wasser. Zuerst wird die Nahrung mit sensibler Nase aufgespürt, dann kommt ihr hervorragender Tastsinn ins Spiel: Den Blick in die

Linke Seite:
Niemand weiß genau, wie groß die Waschbär-Population in Österreich ist. Der erste der kleinen Amerikaner wurde 1974 in Tirol gesichtet.

Ferne gerichtet, sortieren sie zwischen Steinen und Ästen die Leckerbissen aus. Dieses Verhalten hat ihnen auch ihren Namen eingebracht – wie sie einen Stein nach dem anderen im Flußbett umdrehen, um eine Muschel oder etwas anderes Freßbares darunter zu finden, sieht tatsächlich aus, als würden sie ihre Nahrung »waschen«.

Waschbären sind Einzelgänger. Sie beziehen leerstehende Fuchs- oder Dachsbauten und gehen vor allem in der Dämmerung auf die Jagd. Im Sommer fressen sie sich eine dicke Fettschwarte an, von der sie im Winter zehren. Fällt die Temperatur unter minus vier Grad Celsius, stellen sie alle Aktivitäten ein. Im Unterschied zu den Großbären halten sie aber keine Winterruhe – eine kleine Störung genügt, und sie sind hellwach.

Hierzulande gelten sie als scheue Exoten, in ihrer Heimat Nordamerika kennt man die Waschbären anders. Als Kulturfolger leben sie dort auch an Stadträndern und in Parkanlagen, sie plündern Mülltonnen und stehlen, wo sie können: auf Campingplätzen, in Speisekammern und Restaurants. Auch Österreichs Waschbären sind im Grunde ihrer Herzen Diebe. Verschlafene Bauernhöfe betrachten sie als unbeaufsichtigtes Buffet. Hühner und anderes Federvieh ist vor ihnen weitgehend sicher, denn die Kleinbären sind keine großen Jäger. Sie hetzen ihrer Beute nicht nach, sondern sammeln auf, was sich gerade anbietet. Über die Hälfte ihres Nahrungsbedarfs decken sie ohnehin mit pflanzlicher Kost, und die finden die Bären auf Bauernhöfen in rauhen Mengen.

Österreichs Landwirte können dennoch beruhigt sein – die Chance, von einem Waschbären bestohlen zu werden, ist denkbar gering. Doch Fremden gegenüber ist man mißtrauisch. Wer hierher einwandert, muß mit dem Schlimmsten rechnen. Und so sind Waschbären in fast allen Bundesländern ganzjährig zum Abschuß freigegeben. Natürlich wurde der Waschbär importiert. Aber dies geschah bereits vor über 50 Jahren. Wie lange also muß er in Österreich leben, um als heimisch zu gelten?

Heimisch und fremd sind unzulängliche Begriffe, in der Menschenwelt ebenso wie in der Natur. Wo zum Beispiel liegt die Heimat der Graureiher? Sie brüten seit undenklichen Zeiten an österreichischen Gewässern, und man zählt sie mit Recht zur heimischen Vogelwelt, obwohl sie in Südeuropa überwintern und dort wie hier zu Hause sind.

Reiherenten gelten ebenfalls als gestandene Österreicher, doch auch sie sind Einwanderer. Sie brüten erst seit den fünfziger Jahren an rotweißroten Teichen und Seen. Bis vor 100 Jahren fand man sie ausschließlich in Sibirien und Nordeuropa. Dann dehnten sie ihren Lebensraum nach Westen und Süden aus. Verständlich, daß sie sich dabei wenig um nationale Grenzen kümmerten. Ein wachsendes Netzwerk künstlicher Wasserflächen wie etwa Stauseen und Fischteiche öffnete ihnen den Weg nach Mitteleuropa. Das gleiche gilt für die Tafelenten. Auch sie wanderten erst vor rund 40 Jahren ein. Dennoch würde heute niemand Tafel- oder Reiherenten als Fremde bezeichnen – vielleicht deshalb, weil sie nicht auffallen und keinen Schaden anrichten.

Wie bei uns Menschen gibt es auch einige Vertriebene, die in ihre alte Heimat zurückkehren – meist dank massiver Naturschutzmaßnahmen. Der Schwarzstorch war in den dreißiger Jahren durch Bejagung praktisch ausgerottet, nun leben wieder mehr als 100 Brutpaare in Österreich. Vögel wie der Schwarzstorch kamen aus der Nachbarschaft nach Österreich, doch so mancher Einwanderer überquerte zuvor ganze Ozeane – allerdings nicht freiwillig.

Der amerikanische Signalkrebs wurde um 1890 in Europa eingeführt. Der heimische Edelkrebs war damals von einer tödlichen Pilzkrankheit bedroht, die ganze Populationen dahinraffte. Den sensiblen Edelkrebs findet man heute nur noch in wenigen, glasklaren Flüssen und Seen, die erdrückende Mehrheit der Krebsgesellschaft besteht aus Amerikanern. Die Ausländer sind robuster und brauchen keine perfekte Wasserqualität. »Faunenverfälschung« nennen Biologen solche Importe. Doch die Feinschmecker haben den beliebten Speisekrebsen längst das Heimatrecht erteilt.

Der Signalkrebs ist nur einer von einer ganzen Heerschar unfreiwilliger Einwanderer, die gedankenlos ins Land verschleppt wurden. Sie alle haben abenteuerliche Reisen hinter sich, die einen kämpfen in fremdenfeindlicher Umgebung verzweifelt ums Überleben, andere erobern im Sturm neue Lebensräume. Ein belebtes Ausländerviertel sind die Au- und Flußlandschaften. Kaum eine Art fühlt sich in ihrer neuen Heimat so wohl wie die Bisamratte. Ihre Vorfahren wurden vor rund 80 Jahren in Österreich ausgesetzt. Graf Colloredo-Mansfeld brachte sie von einem Jagdausflug aus Kanada mit. Die Nordamerikaner blieben nicht lange auf den herrschaftlichen Gütern. Man findet sie heute in den Donau- und Marchauen, an Ziegel- und Fischteichen. Dort durchlöchern sie gerne die künstlichen Dämme. Das kostet Geld, daher ist die Bisamratte unbeliebt und gilt als Fremdling. Doch dank einer aristokratischen Laune leben seit Jahrzehnten Bisamratten im Land, und sie werden für immer bleiben, egal ob sie als fremd oder heimisch gelten.

Die gräfliche Schnapsidee mit den Bisamratten blieb kein Einzelfall. Im Laufe der Jahre wurde ein unüberschaubarer Tiergarten an Exoten freigesetzt, und die verwinkelten Aulandschaften sind bis heute der beliebteste Tatort. Die Täter findet man in der Regel im Kreis der Freizeitzoologen. Verblüfft stellen sie fest, daß ihre Haustiere wachsen, immer mehr Futter brauchen und mitunter üble Gerüche absondern – ein klarer Fall für die Au.

Auf diese Weise gelangten Hunderte nordamerikanische Rotwangenschildkröten in die Donauauen bei Wien. Wie durch ein Wunder überleben viele von ihnen die harten Wintermonate. Vermehren können sie sich in unseren kurzen Sommern nicht. Was weiter kein Problem ist, sorgen doch die Hobbyzoologen stets für Nachschub. Millionen solcher Rotwangenschildkröten werden alljährlich von Händlern nach Europa gebracht. Klein wie ein Zehnschilling-Stück erobern sie die Herzen der Käufer, mit den erwachsenen, nicht selten bissigen Exemplaren wollen sich jedoch nur wenige herumschlagen.

In der untersten Etage des Ausländerquartiers, am schlammigen Grund der Augewässer, lebt seit kurzem ein weiteres auffälliges Geschöpf – die riesige Chinesische Teichmuschel. Ihre Larven sind Fischparasiten und reisten unbemerkt mit Zuchtkarpfen von China über Tschechien nach Österreich. Von den Fischteichen wurden sie schließlich in die Flüsse gespült.

Fuchsbauten. Der einzig gravierende Unterschied – die beiden Tiere haben stammesgeschichtlich miteinander nichts zu tun. Der Name und die etwas längeren Beine verraten es: Marderhunde zählen tatsächlich zur Famlie der »Canidae«, der Hundeartigen.

Die kleinen Räuber sind hierzulande rare Erscheinungen. Obwohl sie gerne auf Feldern und in der Nähe von Bauernhöfen auf Beutezug gehen, bleiben sie meist unbemerkt. Marderhunde sind routinierte Diebe, und Vogeleier aller Art zählen zu ihren Lieblingsspeisen. So mancher Hühnerstall wird von ihnen heimgesucht. Im fernen Sibirien ist man an derartige Einbrüche gewohnt, in Österreich würde wohl niemand den Täter erraten. Nur Füchsen traut man hierzulande solche Taten zu.

Penible Wissenschafter haben es recherchiert: In den vergangenen acht Jahren begegneten sich Österreicher und Marderhund nur vierzehnmal. Die meisten Hunde hätten auf das Rendezvous gerne verzichtet – neun von ihnen begegneten Jägern, die das Treffen mit einem soliden Blattschuß feierten. In Rußland wird der Marderhund systematisch gejagt, vor allem wegen seines Felles und wohl auch wegen seiner »bösen Taten«. Vor allem in Augebieten richten dort Marderhunde empfindliche Schäden an, weil sie im Frühjahr auf Geflügel und Ei umsteigen und unzählige Nester und Gelege zerstören. Man darf annehmen, daß sie auch hierzulande ähnliche Sitten pflegen. Doch angesichts der geringen Verbreitung der Eierdiebe wäre etwa eine österreichische Ente, die einem Marderhund zum Opfer fällt, im wahrsten Sinne des Wortes ein »Pechvogel«.

Marderhunde gleichen einem Gruß aus der Urzeit. Sie gelten als der ursprünglichste noch lebende Wildhund, älter noch als Schakale oder Wölfe. Eigene Höhlen graben sie nur, wenn es sein muß, in der Regel beziehen sie verlassene Bauten. Wie viele Wildhunde sind auch sie Einzelgänger, allerdings zeigen sie mehr Familiensinn als ihre Hunde-Verwandtschaft. Marderhunde sind monogam, und bereits im Herbst finden die Paare zusammen. Die eigentliche Hochzeitsnacht findet erst im Frühjahr statt, aber bevor eisige Stürme übers Land fegen, wird Quartier bezogen. Marderhunde halten Winterruhe, auch das macht sie im Reich der Wildhunde einzigartig.

In den Wäldern leben die Fremden gewissermaßen im Untergrund. Aber was geschieht in den großen Städten, wo sich seit Jahrhunderten Einwanderer aus aller Herren Länder versammeln? Die meisten Ausländer wohnen, wo Einheimische nicht leben wollen – zum Beispiel an der Außenmauer des Stephansdoms. Dort wächst der berühmteste botanische Einwanderer Wiens – der Götterbaum, der einst aus dem Reich der Mitte importiert wurde. In der Bundeshauptstadt steht buchstäblich an jeder Ecke ein Chinese. Die ersten Götterbäume kamen mit dem Bau der Ringstraße um 1860 als Alleebäume nach Wien. Sie vermehren sich erstens mittels Blüten und zweitens über Wurzeltriebe. Das Geflecht unterwandert den Asphalt, kaum gibt es eine Öffnung, schießt ein Trieb hervor.

Die Natur hat sie zu Überlebenskünstlern gemacht: Die Bäume scheinen gegen Abgase weitgehend resistent zu sein, und ihre Bitterstoffe halten heimische Insekten ab. Nur die Raupen

Mandarinenten kamen als Ziervögel aus Ostasien nach Mitteleuropa. Im Herbst legen die Erpel ihr prächtiges Balzkleid an.

des Ailanthusspinners, eines für österreichische Begriffe riesigen Schmetterlings, fressen an den Blättern. Sie kamen huckepack auf den Götterbäumen ins Land, doch fast überall ist es ihnen zu kalt, um sich in einem Kokon zu verspinnen und die Metamorphose zum prächtigen Falter zu komplettieren. Nur in der Wiener Innenstadt ist es im Sommer durch die enorme Wärmestrahlung der Gebäude heiß genug für sie. Und so kann man mit viel Glück in manchem Hinterhof ein grandioses Naturschauspiel erleben – wenn sich eine Wolke von Ailanthusspinnern aus einem Götterbaum in den Himmel hebt. Doch das Phänomen ist recht kurzlebig – die einheimischen Amseln machen mit den saftigen Riesenfaltern kurzen Prozeß.

Die Bäume und Schmetterlinge aus dem fernen China sind nicht allein. In den Praterauen leben seit Jahren ostasiatische Mandarinenten. Sie wurden im 18. Jahrhundert als Ziervögel importiert, heute verstecken sie sich lieber und vermehren sich redlich. Im Juli nach der Mauser sind Männchen und Weibchen einander zum Verwechseln ähnlich, nur an der dunklen Schnabelfarbe erkennt man die besorgte Mutter, die Schnäbel der Väter sind rot. Aber im September legen die Erpel dann ihr prächtiges vielfarbiges Balzkleid an, das sie bis zur Brutzeit im Frühjahr tragen.

Doch die spektakulärste Vogelkolonie findet man nicht in Wien, sondern im Herzen Innsbrucks. Ausgerechnet im Schatten der Alpen haben sich Exoten angesiedelt, deren Heimat in den Tropen liegt. Ihr neuer Regenwald ist der kaiserliche Hofgarten. Rund 50 Halsbandsittiche leben hier das ganze Jahr über. Natürlich sind die Vögel nicht aus Afrika eingeflogen, sondern aus Käfigen entkommen. Entflohene Papageien findet man in fast jedem Park, doch diese Halsbandsittiche sind anders. Sie haben eine regelrechte Kolonie gegründet, brüten in Baumlöchern und vermehren sich. Und sie haben gelernt, den frostigen Wintern Tirols zu trotzen.

Halsbandsittiche im Hofgarten von Innsbruck – die tropischen Vögel haben hier sogar eine Brutkolonie gegründet.

Für die meisten Parkbesucher bleibt es ein Geheimnis, wie diese Tropenvögel die Kälte überstehen. Doch des Rätsels Lösung heißt »Herr Robert«. Er ist der Schutzpatron der Tiroler Halsbandsittiche, seit Jahren kommt er zweimal täglich und bringt Futter, im Sommer leichte Kost, im Winter fettreiche Kraftnahrung. Die Sittiche haben nur eines zu fürchten – die Zeit nach Herrn Robert.

Nach Angabe der Grazer Behörden befinden sich derzeit mehr als 150.000 Ausländer in der Steiermark. Was die Statistik nicht mitzählt, sind Millionen Einwanderer, die hier ohne Aufenthaltsbewilligung leben – Orientalische Mauerwespen. Am leichtesten kann man sie auf Baustellen beobachten, wo diese genialen Baumeister Material für ihre Kinderstuben sammeln. Ihre kleinen Lehmtöpfchen findet man heute auf sämtlichen Dachböden der Steiermark. Niemand braucht vor ihnen Angst zu haben. Anders als die einheimischen Wespen sind sie kaum giftig und überhaupt nicht aggressiv.

Ihre Vorfahren kamen auf abenteuerliche Weise ins Land. Die Orientalische Mauerwespe findet man ausschließlich in Nepal und Indien. Vor 20 Jahren muß sich folgendes zugetragen haben: Indische Mauerwespen gerieten in den Laderaum eines Lkw, der mit einer Ladung Teppiche nach Österreich unterwegs war. Der Lkw fuhr über eine legendäre Transitstrecke – durch Persien, die Türkei und Griechenland nach Österreich. Dies geschah Mitte der siebziger Jahre, denn heute ist die Route nicht mehr befahrbar. Schließlich rollte der Lkw durch die grüne Mark nach Graz. 1979 entdeckte man hier die erste Mauerwespe. Heute, 16 Jahre später, gehört ihnen die ganze Steiermark. Mittlerweile sind sie nach Norden bis Wien und nach Westen bis zum Bodensee vorgedrungen.

Die große Zeit der Mauerwespen beginnt im Juni. Der Architekt in ihnen erwacht, und sie schwirren überall aus ihren Verstecken. An feuchten Stellen rollen sie einige Gramm Lehm zu perfekten Kugeln. Dieses Baumaterial bestimmt auch ihr Schicksal: Die Inder können nur in menschlichen Behausungen überleben, weil ihre winzigen Bauten beim ersten Wassertropfen zerfallen würden. Und so findet man sie in Abstellkammern, vergessenen Kästen, Lüftungsschächten und vor allem auf Dachböden. Jede Lehmkugel wird ringförmig aufgetragen, und es bedarf Dutzender Transportflüge, um ein Töpfchen fertigzustellen.

Erst kurz vor der Dachgleiche, wenn der Bau fast fertig ist, gehen die Wespen auf Jagd – auf Spinnenjagd. Die eigentliche Jagd haben auch Wissenschaftler noch nie beobachtet. Fest steht, daß die Wespen das Gelände absuchen, Kleinspinnen aus ihren Netzen fangen und sie mit einem giftigen Stich lähmen. Jede Wespe baut mehrere Töpfe gleichzeitig und füllt jeden mit

Orientalische Mauerwespen bauen für ihren Nachwuchs kleine Lehmtöpfchen, die sie mit winzigen Spinnen als Larvenproviant füllen.

bis zu einem Dutzend Spinnen. Nach wenigen Tagen ist der kleine Bungalow mit Spinnenproviant gefüllt. Die Gefangenen sind am Leben, können aber kein Bein rühren. In den Lehmtopf legt die Wespe ein einziges Ei, dann wird der Bau verschlossen.

Nur wenige Stunden nach Befestigung des Deckels schlüpft in jedem finsteren Spinnenkerker eine hungrige Larve. In den grausigen Puppenstuben werden die Spinnen nun im Laufe eines Jahres bei lebendigen Leib aufgefressen. Die jungen Wespen schlüpfen erst im Mai des folgenden Jahres. Der Deckel wird durchgebissen, die nächste Generation tritt ans Tageslicht und ist startbereit, um das Spiel von neuem zu beginnen: Unbemerkt von einer gleichgültigen Öffentlichkeit werden wieder Millionen Spinnen in indischen Töpfen enden.

Doch unter den Wespen ist die Kindersterblichkeit hoch. Unzählige Puppen vertrocknen vorzeitig in ihren Töpfen, und in so manchen tönernen Stuben lauert der Tod auch in anderer Gestalt, denn manchmal schlüpft aus einem Töpfchen keine Mauerwespe, sondern ein Parasit – etwa ein Goldkäfer. Während der Bautätigkeit wurde der Käfernachwuchs in den Topf geschmuggelt, über den Winter verspeiste er nicht nur die Spinnen, sondern auch die Wespenlarve. Den Siegeszug der Orientalischen Mauerwespe können solche Mordanschläge nicht gefährden. Auf einem Teppich sind sie eingewandert, heute leben sie auf einer Fläche von über 2.000 Quadratkilometern. Europa wird noch von ihnen hören.

So mancher Einwanderer tritt erst am Ende des Sommers ans Licht. Wenn im September das Laub sanft zu glühen beginnt, schlüpfen im Süden Österreichs japanische Eichenseidenspinner aus ihren Kokons. Vor über 100 Jahren brachte man diese Schönheiten zur Seidengewinnung

Goldschakale sind typische Tiere der Savannen Afrikas. Sie wanderten über den Balkan nach Österreich ein.

aus Ostasien nach Europa. In Eichenwäldern sitzen die nachtaktiven Seidenspinner tagsüber versteckt in den Blättern. Das rauhe Klima macht ihnen zu schaffen, und ihr Leben als Falter ist kurz. Sie leben nur wenige Tage, legen ihre Eier ab und verschwinden wie ein flüchtiger Traum.

Im Herbst werden auch die stillsten aller Einwanderer aus ihren Verstecken gejagt, wenn an den Fischteichen im Waldviertel die Erntezeit beginnt. Ein Bauer geht über seinen Acker und weiß, ob die Saat aufgeht. Die Fischzüchter stehen vor versunkenen Feldern. Erst wenn das Wasser abrinnt, kommt die Ernte zum Vorschein – Karpfen, Zander und Schleien, doch nur allzu oft auch der Alptraum aller Teichwirte: Hunderttausende silbrig glänzende Blaubandbärblinge. Diese knapp acht Zentimeter kleinen Miniaturfische kamen wahrscheinlich unbeabsichtigt mit Karpfenimporten aus Südchina, Japan und Taiwan ins Land und entwichen aus Fischteichen auch ins Freiland. 1982 wurden die ersten freilebenden Exemplare in den Flußläufen östlich von Wien entdeckt, heute findet man die kleinen Asiaten in zahllosen Gewässern Österreichs. In Flüssen werden sie von Raubfischen kurz gehalten, doch in einer Fischzucht können sie gemeinsam eine gewaltige Biomasse bilden. Der Sauerstoffverbrauch der ungerufenen Geister, die man nun nicht mehr los wird, kann ganze Teiche zum Kippen bringen.

Man möchte meinen, daß das Schicksal dieser Einwanderer schon abenteuerlich genug ist. Doch dann kennt man die folgende, noch unglaublichere Geschichte nicht: In seltenen Stunden dringt aus dem Schatten der Waldränder ein unheimlicher Klagelaut – das Lied einer fernen Wildnis. Die sagenhaften Einwanderer sind Goldschakale, und ihre alte Heimat ist Afrika. Sie sind eng mit den Wölfen verwandt, aber deutlich kleiner. Die Jäger und Allesfresser sind über weite Teile der Erde verbreitet – von Afrika über den Mittleren Osten bis Indien und Thailand. Schon vor 12.000 Jahren wanderten sie in Südeuropa ein. Der Weg nach Norden wurde erst in diesem Jahrhundert frei. Der Mensch hatte ihre Erzfeinde, die Wölfe, beinahe ausgerottet. Und so kamen sie schließlich über den Balkan nach Österreich. Was wie Jägerlatein klingt, ist tatsächlich Wirklichkeit. 1988 wurde ein Schakal auf einer Straße zwischen Niederösterreich und dem Burgenland zum Verkehrsopfer, seither gibt es auch immer wieder Beobachtungen aus Oberösterreich, der Steiermark und Kärnten. In allen Fällen waren es Zufallsbegegnungen, denn die rotweißroten Schakale leben im Verborgenen. Obwohl das Wort »Schakal« an das wilde Afrika erinnert, sind diese Wildhunde, die nicht viel größer als ein Rotfuchs werden, völlig harmlos.

Doch es gibt auch absolut gefährliche Einwanderer. Sie kommen selten und geraten nur vereinzelt über unsere Grenzen – etwa die Schwarze Witwe, eine giftige Spinne. Ihr Biß ist extrem schmerzhaft, in seltenen Fällen auch tödlich. Sie beißt nur zu, wenn man versehentlich ihr Netz berührt, was allerdings leicht passieren kann, da sie mit Vorliebe in feuchtwarmen Räumen, in Badezimmern oder Toiletten, ja sogar unter Klodeckeln ihre Fäden spinnt. Schwarze Witwen findet man in Europa sonst nur am Mittelmeer. Doch der Wind trägt gelegentlich winzige Jungtiere über die eisigen Alpen. An einem Seidenfaden können sie über Hunderte Kilometer fliegen. In freier Natur haben sie keine Chance. Aber in Häusern, wo es geschützte, warme Winkel gibt, können sie einige Zeit überleben.

Manchmal verirren sich sogar Schwarze Witwen über die Grenzen Österreichs.

Der Schwarzen Witwe ist Österreich zu kalt, um wirklich seßhaft zu werden. Aber Klimaveränderungen lösen seit Millionen von Jahren die größten Wanderbewegungen aus. Sollten die Temperaturen tatsächlich steigen, werden im Laufe der Jahre ganze Artengemeinschaften nach Norden ziehen. Es werden zarte Falter und bunte Vögel darunter sein, aber auch giftige Spinnen wie die Schwarze Witwe. Für sie exisitieren unsere Grenzen nicht. Stille Einwanderer sind Fremde, die niemand des Landes verweisen kann.

DIE STILLEN EINWANDERER

Eine Produktion des ORF

Buch und Regie: Harald Pokieser

Achtes Kapitel

Nil – Fluss der Götter

Seit der Frühzeit der Geschichte leben Menschen an den Ufern des Nils. In ihrem täglichen Überlebenskampf waren die ersten Siedler mit einer Welt konfrontiert, die voll von unberechenbaren und geheimnisvollen Gewalten war. Doch sie lernten mit den Gefahren der Natur umzugehen. Der Nil prägte die Lebensgewohnheiten und den Glauben der alten Ägypter. Der Nil ist der längste Strom Afrikas, ja der längste der ganzen Welt. Sein Lauf erstreckt sich über eine Länge von rund 6.500 Kilometern aus dem Herzen des Schwarzen Kontinents bis zum Mittelmeer.

In Ägypten bereitete der Nil mehr als 3.000 Jahre vor Christus den Boden für eine der ersten Zivilisationen der Welt. Ägypten war eine Geburtsstätte des modernen Menschen. Hier machten sich die Bauern die jahreszeitlichen Überschwemmungen des Nils zunutze. Sie schufen Staudämme und Kanäle, um planmäßig Getreide zu pflanzen, und konnten mit Hilfe ihrer Bewässerungssysteme auch jene Felder fluten, die normalerweise außerhalb des Überschwemmungsgebiets lagen. Der Ernteüberschuß in fruchtbaren Jahren bot den Ägyptern mehr als nur Überlebenssicherheit. Das Anlegen von Getreidevorräten führte zur Organisation von Gemeinschaften und ebnete so den Weg für die ägyptische Hochkultur. Die jährliche Nilschwelle ermöglichte die Hochblüte Ägyptens. Das Land war ein Geschenk des Nils.

In ihrem Versuch, die Naturgewalten nutzbar zu machen, erhoben die alten Ägypter die Natur zu ihrem Gott und den Nil zum Fluß der Götter. Tatsächlich wird der Nil von zwei Strömen genährt. Der Blaue Nil entspringt im äthiopischen Hochland, der Weiße Nil dem Victoriasee in Zentralafrika. Während der Blaue Nil ungeheure Massen an Wasser und Schlamm nach Ägypten brachte, führte der Weiße Nil das Geschenk des Flußgottes mit sich – eine reichhaltige Mischung aus Nährstoffen, die Ägptens Böden so fruchtbar machte.

Tief im tropischen Afrika präsentiert sich das Niltal so, wie es zur Zeit der ersten Pharaonen in Ägypten ausgesehen haben muß. In Uganda beherbergt das Niltal auch heute noch eine Vielfalt an Tieren. Frühe ägyptische Kunstwerke zeigen, daß die meisten Tiere, die im tropischen Afrika heimisch sind, auch im alten Ägypten bekannt waren. Das Zusammenspiel klimatischer

Linke Seite:
Die Elefanteninsel bei Assuan – der Nil machte Ägypten zu einer der ersten Hochkulturen der Geschichte.

Veränderungen und zunehmender Jägerei vertrieb vor mehreren tausend Jahren viele Tiere aus Ägypten. Zu den ersten Opfern zählte der Elefant. Vor fast 5.000 Jahren, zur Zeit der ersten Dynastien, verschwanden Elefant, Giraffe und Nashorn zeitgleich aus Ägypten.

Zur selben Zeit, als die Elefanten den Rückzug antraten, entstand in Ägypten eine Naturreligion. Dem Glauben der Ägypter zufolge sollten die Menschen bis in alle Ewigkeit in Einklang mit der Natur leben. Nützliche wie gefährliche Tiere wurden zu Gottheiten erhoben. Das Nilpferd-Weibchen wurde beispielsweise als Taweret, die Göttin der Geburt, verehrt. Doch zugleich waren die Flußpferde auch eine Plage, denn sie zerstörten nachts die Felder. So verkörperten die männlichen Nilpferde Seth, den Gott des Chaos. Aufgrund ihrer Fähigkeit, über den Horizont hinaus zu sehen, war die Giraffe im alten Ägypten die Personifikation der Weitsicht.

Doch ein Tier dominierte die Phantasien der Menschen: Für die frühen Ägypter war der Löwe der König, und der König war Löwe. Reliefs aus der Mitte des vierten vorchristlichen Jahrhunderts zeigen den König als wilden Löwen, der seine Feinde verschlingt. Wurfschlingen, Speere, Fallen und Pfeil und Bogen waren ein Teil des Waffenarsenals, das laufend weiterentwickelt wurde. Doch die einfachen Waffen befreiten die Welt der Ägypter keineswegs von den Gefahren der Wildnis. Die Kaffernbüffel töteten wahrscheinlich nicht weniger Menschen als die Großkatzen. Deshalb war der Büffel auch ein Symbol aggressiver, roher Gewalt.

Der Aufstieg Ägyptens von einer Ansammlung nomadisch lebender Hirten zu einem Königreich seßhafter Menschen war das direkte Resultat aus dem Klima und der geographischen Lage des Landes. Es war ein Land ewigen Sonnenscheins und fruchtbaren Bodens, und die Ägypter setzten alles daran, um es in ein Paradies auf Erden zu verwandeln. Der Nil schenkte dem Land reichlich Nahrung, doch Jahr für Jahr wartete ganz Ägypten auf den großen Segen des lebensspendenden Nilschlamms.

Jedes Frühjahr sättigten die Monsunregen das Land und ließen die Flüsse anschwellen. Schließlich vermengten sich die schlammbeladenen Wasser des Blauen Nils mit den nährstoffreichen Fluten des Weißen Nils. In Ägypten verringerte der Strom seine Fließgeschwindigkeit zu einem gemächlicheren Tempo und lagerte seinen Schlamm an den Ufern ab. Bis vor 100 Jahren überschwemmten die Fluten bei Hochwasser das ganze Tal und zwangen Mensch und Tier zum Rückzug in höhergelegene Regionen.

In der Naturreligion Ägyptens verkörperte das männliche Flußpferd Seth, den Gott des Chaos …

Jedes Jahr brachte der Flußgott sein Geschenk dar, das die gesamte Überschwemmungsebene ausfüllte und das Land wieder zum Leben erweckte. Nach einigen Monaten wichen die Wassermassen zurück und ließen einen reich gedeckten Tisch hinter sich. Zur Zeit der ägyptischen Hochkultur wurde erstmals der jährliche Anstieg des Nils mit einem eigens dafür geschaffenen Instrument, dem »Nilometer«, gemessen. In einem günstigen Jahr sollte die Flut neun Meter über dem Wasserstand des Winters liegen. Einen Meter höher, und das Wasser würde ganze Dörfer vernichten. Einen Meter niedriger, und die Menschen würden verhungern. Doch das Land schenkte den Menschen mehr als nur Nahrung. Flachs wurde geerntet und zu feinem Leinen gewoben, das für die Erzeugung leichter und luftiger Stoffe verwendet wurde.

… das weibliche Tier Taweret, die Göttin der Geburt.

Aber den Pharaonen war eine möglichst reiche Getreideernte am wichtigsten. Jahr für Jahr vermaß ein Heer von Verwaltungsbeamten die Felder der Bauern. Die Ernten fielen so regelmäßig und verläßlich aus, daß der Staat ein simples Besteuerungssystem erlassen konnte. Es setzte die Größe jedes Feldes in Relation zur Höhe der jährlichen Flut, die mit dem Nilometer gemessen wurde. Dadurch konnten die sogenannten Feldaufseher abschätzen, wie hoch besteuert werden sollte. Die Bauern zahlten auch für ihr Vieh Steuern. Im Grab eines Adeligen fand man geschnitzte Figuren, die eine Viehzählung auf einem großen Gehöft zeigen, wo die Bauern ihre Rinder den glänzenden Augen des Steuerinspektors vorführten.

Der Löwe war König, und der König war Löwe – frühe Reliefs stellen den König Ägyptens als wilden Löwen dar, der seine Feinde verschlingt.

Die Rinder waren für die Ägypter seit undenklichen Zeiten von immenser Bedeutung. Zwischen dem äthiopischen Hochland und dem Victoriasee erstreckt sich ein weiter Papyrussumpf mitten im Weißen Nil. Die arabischen Händler nannten ihn »Sudd«, das »Hindernis«. Der Sudd ist das größte Sumpfgebiet der Erde. Er bildet eine fast undurchdringliche Barriere zwischen dem tropischen Afrika und Ägypten. Der Sudd ist die Heimat der Nuer, eines Stammes, der von der Viehzucht lebt. Ohne die Nuer könnten die Rinder hier nicht überleben. Doch auch die Nuer könnten ohne ihr Vieh nicht existieren. Die Nuer haben keinen ständigen Wohnsitz. Wenn der Nil Hochwasser führt, ziehen sie mit ihren Rindern in höhergelegene Regionen. Wenn die Fluten zurückweichen, kehren sie wieder in das Kerngebiet des Sumpfes zurück.

Der Sudd ist auch Lebensraum unzähliger Malariamücken und Tsetsefliegen. Tag für Tag entzünden die Nuer-Frauen in der Abenddämmerung ein Feuer aus Rinderdung. Sie bestreichen die Rinder mit Asche. Das hält die Tsetsefliegen ab, und auch der Rauch verjagt sie. Die Rinder versorgen die Nuer neben Milch, Butter und Fleisch mit beinahe allem, was sie zum Leben brauchen. Der getrocknete Dung wird als Brennstoff verwendet, die Asche nutzen die Nuer sogar zur Erzeugung von Zahnpaste. Die enge Beziehung der Ägypter zu ihren Rindern findet sich auch in ihrer Sprache wieder. Die Menschen wurden als »Kühe des Sonnengottes« bezeichnet. Hathor, die Rindergöttin, symbolisiert auf vielen Reliefs die Mutter des Pharaos: Sie säugt die Führer Ägyptens mit ihrer göttlichen Milch und hält ihre schützende Hand über die Pharaonen.

Die ägyptische Hochkultur entwickelte nicht nur einen Kalender, der auf den jahreszeitlichen Überschwemmungen des Nils beruhte, sie brachten auch eine eigene Schrift hervor – die Hieroglyphen. Erst meißelten die Ägypter ihre Schriftzeichen in Stein und setzten ihrem Glauben Denkmäler, die für immer bestehen sollten. Später erzeugten die Ägypter das erste Schreibpapier aus Papyrusstauden, die sie in den weiten Sumpfgebieten ernteten. Die Papyrusrollen bestanden aus dünnen Streifen, die rechtwinkelig übereinandergelegt, gepreßt und gehämmert wurden.

Folgende Doppelseite: ***Sonnenuntergang am Nil bei Assuan – bis heute sind die Daue ein unverzichtbares Verkehrsmittel.***

Auf diesen Rollen dokumentierten die Ägypter die Gefahren des Flusses oftmals auf sarkastische Weise in Bildgeschichten. Manche dieser Schriftrollen waren nicht weniger als 30 Meter lang. Die ägyptischen Schreiber bekleideten in der ägyptischen Hochkultur eine hohe Position. Sie waren zum Teil Verwaltungsbeamte, zum Teil Prieser. Erst die Arbeit der Schreiber machte die Einigung des großen Staates möglich: Sie zeichneten die Geschichte auf, bewahrten die Mythen und garantierten die Leistungsfähigkeit der Regierung. Die Hieroglyphen-Texte entlehnten anfangs viele Schriftzeichen aus dem Reich der Natur. Als sich die Schrift weiterentwickelte, wurden die Tierdarstellungen von ihrer ursprünglichen Bedeutung losgelöst und standen später für einzelne Laute und Buchstaben. Dieser Schritt vom Symbol zum Laut war der Beginn der Entwicklung der modernen Schrift.

Die alten Ägypter reihen sich unter die besten und spektakulärsten Baumeister aller Zeiten. Die Pyramiden von Gizeh sind die größten aller errichteten Steingebilde. Ein populärer Mythos erzählt, daß die gewaltigen Grabbauten der Pharaonen von Sklaven errichtet wurden. Wahrscheinlicher ist jedoch, daß die harte Arbeit von Saisonarbeitern getan wurde – von Bauern, die zu den jahreszeitlichen Überschwemmungen ihr Land verließen und ihren Lebensunterhalt als

Das Krokodil verkörperte den Wassergott Sobek, der vor allem in Crocodilopolis, dem heutigen Al Faijum, verehrt wurde.

Taglöhner verdienten, während ihre Felder drei Monate lang unter Wasser standen. Von vielen architektonischen Meisterwerken ist allerdings nur wenig übriggeblieben. Während des ersten vorchristlichen Jahrtausends hatten die Ägypter mehrmals unter Invasoren zu leiden. Fremde drangen in ihr Land ein, beuteten es aus und setzten sich im Land der Pharaonen ihre eigenen Denkmäler. Die Römer unterwarfen Ägypten, um es zu ihrer eigenen Kornkammer zu machen. Zugleich war Ägypten das Tor zu Afrika, zu einer Welt voller wilder Kreaturen. Im ganzen Reich wurden unzählige Tiere zur Unterhaltung der Massen geschlachtet. Die Ägypter hatten die Natur vergöttert, die Römer versklavten sie.

Doch nicht nur die zunehmende Jagd bedrohte die Tierwelt des Niltals. Im Lauf der Jahrhunderte wurde zunehmend mehr Wald vernichtet, um die Bedürfnisse der Menschen zu befriedigen. Von den einst riesigen Waldflächen ist nur mehr ein geringer Teil zurückgeblieben. Weite Teile des äthiopischen Hochlands sind kahl geschlagen, dennoch sind kleine Oasen zurückgeblieben, wo sich die Natur regenerieren kann. Viele Klöster sind von ihrem eigenen kleinen Garte Eden umgeben. Alte christliche Traditionen bewahren hier die Tierwelt vor der Ausrottung. Das Land wurde im vierten Jahrhundert christianisiert. Seit damals ist das äthiopische Hochland nicht von seinem Glauben abgefallen, und die Traditionen von heute sind weitgehend dieselben wie die der frühchristlichen Kirche.

Im Heiligen Ibis erkannten die Ägypter Thot, den Gott der Weisheit.

Zu den ältesten Klöstern des äthiopischen Hochlands zählen jene auf den Inseln des Tana-Sees, die von dichtem Urwald überzogen sind. Die Klöster sind nicht nur Rückzugsmöglichkeiten für Menschen, sondern auch Naturreservate. Die Inseln sind wichtige Brutplätze und auch für viele Zugvögel ein bedeutender Platz zum Überwintern. Religiöse Traditionen, die tief in den Gesetzen des Alten Testaments verwurzelt sind, verbieten den Genuß von Ibisvögeln, Reihern, Störchen und Schwimmvögeln. Diese Fastenvorschriften haben wesentlich dazu beigetragen, mehr als 90 Prozent der 830 Vogelarten des Landes zu schützen.

In naturgetreuen Darstellungen dokumentierten die Ägypter die vergötterten Tiere. Der Heilige Ibis wurde besonders verehrt, denn nach der Meinung der Ägypter war kein anderes Wesen von der Natur besser ausgestattet, die Vorzüge des Sumpflandes zu genießen. Sein langer gekrümmter Schnabel bohrt sich tief in den Schlamm und faßt sogar nach kaum erreichbarer Beute. Der Heilige Ibis wurde als Verkörperung von Thot verehrt, des Gottes der Weisheit, der auch Schreiber der Götter war. Der Vogel ziert die Wände zahlloser Tempel, wo er den Federstrich der Schreiber führt. Das Verblüffendste an der ägyptischen Kunst ist die beinahe wissenschaftliche Beachtung jedes Details. Die Darstellungen sind kaum stilisiert oder abstrakt. Man bemühte sich, die Natur möglichst genau abzubilden, denn die dargestellten Tiere sollten den Verstorbenen in sein Leben nach dem Tode begleiten.

Tiergötter folgten den Ägyptern bis in den Tod – ein Wandgemälde aus dem Grab von Artisan.

Die Grabmalereien der ägyptischen Hochkultur geben tiefe Einblicke in das Verhältnis der alten Ägypter zum Tod. Die Gräber wurden mit all jenen Dingen gefüllt, von denen man dachte, sie könnten dem Toten in seinem nächsten Leben nützlich sein. Die Tradition, für die Ewigkeit gerüstet zu sein, verlangte, daß sich unter den Grabbeigaben in der frühen Pharaonenzeit sogar naturgetreu nachgebildete Skulpturen fanden, in die der Geist des Toten schlüpfen sollte. Augen aus Glas in der Totenmaske sollten der Seele ermöglichen, in ihr neues Leben zu blicken. Die schrecklichste Vorstellung im Leben der Ägypter war, in Vergessenheit zu geraten, der Gedanke, die Prüfungen, die ihnen Einlaß in die Unterwelt verschaffen würden, nicht zu bestehen.

Der Weg, den sie vom Tod in die Ewigkeit beschreiten sollten, ist in den Totenbüchern beschrieben. Die Seele muß auf ihrer Reise 28 Pforten passieren, die von Gottheiten der Unterwelt bewacht werden. Verse und Beschwörungsformeln sollen die Götter gnädig stimmen. Nachdem die Seele jeden einzelnen Schutzgott zufriedengestellt hat, läßt er sie passieren. Im »Haus der zwei Wahrheiten« soll die Seele ihre letzte Prüfung bestehen. Hier vor dem Totengericht des Osiris bezeugt die Seele vor jeder einzelnen Gottheit ihre Unschuld. Sie erklärt, weder gestohlen noch jemandem Gewalt angetan oder andere Sünden begangen zu haben. Um zu prüfen, ob der Tote die Wahrheit gesprochen hat, wird sein Herz auf der Waage der Gerechtigkeit mit einer Feder aufgewogen. Danach wird die Seele zu Osiris, dem Gott der Unterwelt, geführt, der sie ins Paradies geleitet.

Aus dem Schlamm und dem Wasser des Nils schufen die Ägypter ein Paradies auf Erden. In ihrer Phantasie konnte die Welt nicht schöner sein, und das Beste aus dieser Welt nahmen sie in ihr späteres Leben mit. In der modernen Welt haben sich die Lebensgewohnheiten der Menschen weit von der Natur entfernt, weit von der Welt, die den Glauben der einstigen ägyptischen Hochkultur geprägt hat. Ende des 20. Jahrhunderts haben die Ideale der ägyptischen Hochkultur neue Bedeutung erfahren. Der Glaube im alten Ägypten verlangte, daß der Mensch in Harmonie mit der Natur lebt und daß die Menschheit dafür Sorge zu tragen hat, daß dieses Verhältnis in alle Ewigkeit fortdauert. Diese Idee lebt weiter. Sie spiegelt sich wider in der Erinnerung an eine vergangene Zeit, als der Nil der Fluß der Götter war.

NIL – FLUSS DER GÖTTER

Eine Produktion von Discovery Productions in Zusammenarbeit mit McKinnon Film

Regie: Michael McKinnon; Buch: Michael Olmert, Charlie Pye-Smith;

Deutsche Bearbeitung: Sabine Holzer

Neuntes Kapitel

Arktis Nordost – Franz-Joseph-Land

Tagebucheintrag von Kapitän Carl Weyprecht, 13. Juli 1874: »*Wie Zugtiere ziehen wir seit fünf Wochen unsere Rettungsboote durch das Packeis Richtung Süden. Unser Schiff mußten wir aufgeben, das Eis war stärker. Wenn wir rasten, sind meine Finger steif und gefühllos. Die Schrift meines Tagebuchs wird immer schlechter. Einige meiner Männer beginnen bereits an unserer Rettung zu zweifeln. Ich staune über mich selbst, mit welcher Ruhe ich der Zukunft entgegensehe. Ich weiß, wir werden offenes Wasser erreichen! Nein, Matrosen, so wahr ich Weyprecht heiße und euer Kommandant bin, zum Schiff kehren wir nie zurück! Wir müssen offenes Wasser erreichen, denn das Eismeer ist ein riesiges Leichentuch. Mehr als einen Monat Galgenfrist haben wir nicht. Danach wird die Kälte des arktischen Winters auch das offene Wasser im Süden wieder schließen. Mit Hilfe können wir nicht rechnen. Niemand wird uns suchen. Denn vor zwei Jahren, am Tag unserer Abreise, haben wir einen Verzicht auf Rettung unterschrieben. Es war der 13. Juni 1872. Heute ist wieder der 13. Ist 13 unsere Schicksalszahl?*«

Odyssee im Polarmeer

Die großen Abenteuer beginnen meist lange, bevor die Öffentlichkeit davon erfährt, manchmal als Jugendtraum einzelner Menschen. Solche Träume inspirieren oft zu großen Taten. So war es auch mit der österreichisch-ungarischen Polarexpedition, die 1872 vorbereitet wurde: In Bremerhaven wartet das Expeditionsschiff »Admiral Tegetthoff« auf seine Fahrt ins Eismeer – ein Dreimastschoner mit einer 100-PS-Dampfmaschine, das Modernste der damaligen Zeit. Die Polarfahrer sind Offiziere und Matrosen der k. u. k. Marine unter Leitung von Schiffslieutenant Carl Weyprecht und Oberlieutenant Julius Payer, zuständig für die Landerkundung, zwei Bergführer aus Tirol, ein Arzt aus Ungarn, ein Eismeister aus Norwegen, insgesamt 24 Mann.

Die Wiener Gesellschaft ist für das kalte Abenteuer einer österreichischen Polarexpedition entflammt. Julius Payer und Carl Weyprecht war es gelungen, die Menschen von ihrem Forschungsanliegen zu überzeugen. Marine, Hochadel und Wirtschaft, aber auch Geldspenden aus

Linke Seite:
Der »Tegetthoff« im Eis der Arktis – auf Franz-Joseph-Land wurde für die Dreharbeiten das historische Expeditionsschiff in Originalgröße nachgebaut.

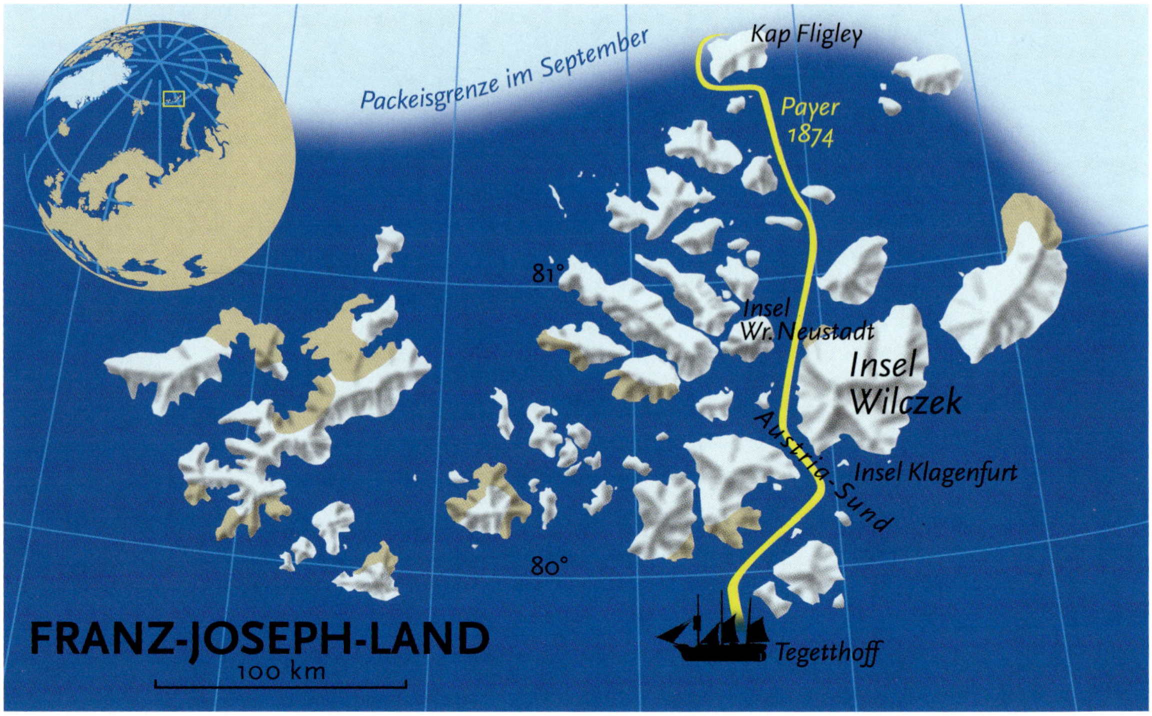

allen Kreisen der Bevölkerung ermöglichten die Finanzierung. Im Juni 1872 ist die geplante Expedition in die Arktis Wiens Gesprächsthema Nummer eins.

Österreich folgt mit dieser Expedition den Bemühungen Deutschlands und Englands, die Arktis zu erforschen. Das Unternehmen gilt als gefährlich, aber auch als große Herausforderung. Ein deutscher Wissenschafter vermutet, es könne ein »offenes Polarmeer« geben. Englische Polarfahrer behaupten dies schon lange. Wer die richtige Zufahrt durch die Eisbarrieren findet, sagen sie, kann in das offene Polarmeer gelangen und dann über den Nordpol oder nördlich von Sibirien nach Amerika segeln.

Die Arktis ist eines der großen geographischen Forschungsziele des 19. Jahrhunderts. Weyprecht will mit seinem Expeditionsschiff »Tegetthoff« die unbekannte nordöstliche Arktis, nördlich von Sibirien, drei Jahre lang erkunden und erforschen. Payer, der renommierte Kartograph, hält es durchaus für möglich, dort auch neues Land zu entdecken. Die Arktis, der letzte weiße Fleck auf der Landkarte, war Weyprechts und Payers langersehnter Jugendtraum, der nun in Erfüllung ging. Payer hatte als 15jähriger ein Buch über eine amerikanische Polarexpedition gelesen. Mit 31 ist er selbst Polarfahrer. Weyprecht wollte immer Seemann und Polarforscher werden und sparte sogar Geld dafür. Mit 34 ist er Kommandat des Expeditionsschiffes »Tegetthoff«.

Der »Tegetthoff« im fahlen Licht der Mitternachtssonne.

Von Bremerhaven kommend, erreicht das Expeditionsschiff Mitte Juli 1872 die Barentssee. Sein Ziel sind die nordöstlich von Nowaja Semlja liegenden Gebiete der russischen Arktis. Im 19. Jahrhundert ist dieser Teil der Arktis weitgehend unerforscht. Auch der Nordpol ist noch nicht erreicht, »Arktis Nordost« ist ein weißer Fleck auf der Landkarte.

27. Juli 1872: »*Unsere adriatischen Seeleute erleben eine ihnen bisher völlig fremde Welt. Vorbeidriftende Eisgestalten scheinen aus einem Fabelland des Eises zu stammen. Payer, der Künstler und Kartograph, zeichnet sie, die Mannschaft erfindet für diese Phantasiegestalten des Eises immer neue Namen: Einmal vermeinen die Matrosen einen ›Blumenkorb‹ zu sehen. Dann wieder entdecken die Männer in der Vielgestalt des Eises eine ›Teufelsbrücke‹. Die plözliche Wandlung der Natur wirkt sich auf unser aller Gemüt aus. Selbst der einfache Matrose wird angesichts dieser Erscheinungen zum staunenden Denker. Niemals ahnte er solches zu erleben! Wer die Natur wahrhaft bewundern will, der beobachte sie in ihren Extremen!*«

30. Juli 1872: »*Im offenen Wasser einer größeren Wacke kommen wir gut voran, bis eine dichte Eisbarriere alles wieder blockiert. Durch Anrammen versuchen wir, die Schollen auf die Seite zu schieben. Plötzlich schließt sich rings um uns das Eis und besetzt das Schiff. Wir stecken fest. Wie in Wut über unser Schiff taucht mit bellendem Grunzen backbord ein riesiges Walroß auf. Und mit ihm alle Sagen und Mythen der Vergangenheit: Als englische Seefahrer im 16. Jahrhundert erstmals einen nordöstlichen Seeweg suchten, hatten sie Angst vor ›nackten schwimmenden Menschenfressern‹. Gemeint waren Wale und Walrösser. Sie seien Boten eines sagenhaften Tyrannen, dessen Reich irgendwo im Eismeer vermutet wurde. Unheil dem, der solchen Tieren begegnet! Unheil könnte auch uns treffen, wenn Eismeister Carlsen recht behält. Als wir im Jagdfieber einige Walrösser erlegen, ist er höchst ungehalten. ›Solche Sonntagsbeute‹, sagt er abergläubisch, ›bringt Unglück!‹*«

In detailgetreuen Bleistiftzeichnungen dokumentierte Julius Payer dramatische Momente der österreichischen Expedition in die russische Arktis.

Auch heute, 120 Jahre später, weiß man über das Verhalten von Walrossen noch sehr wenig. Wie gefährlich sind Walrosse tatsächlich? Eskimos, die heute noch Walroßjäger sind, berichten, daß Walrosse tatsächlich sehr gefährlich sein sollen. Sie sollen kleine Boote angreifen und versuchen, Menschen ins Wasser zu ziehen und zu töten. Zwei Taucher der Expedition »Arktis Nordost« nähern sich langsam einer Walroßkolonie. Wie werden sich die Tiere verhalten, wenn sie die Taucher sehen? Wahrscheinlich haben sie bisher noch keine Erfahrung mit Jägern gemacht, möglicherweise sogar noch nie zuvor Menschen gesehen.

Walrosse wiegen bis zu 1,3 Tonnen. An Land wirken sie plump, unter Wasser hingegen bewegen sie sich wie schwerelos.

Walrosse wiegen bis zu 1,3 Tonnen. Dennoch bewegen sie ihre massigen Körper unter Wasser grazil und anmutig. Wie Delphine sind auch Walrosse exzellente Schwimmer. Eskimos sagen, daß eine Begegnung zwischen Mensch und Walroß im Wasser für den Menschen hundertprozentig tödlich ausgehe, weil die Tiere in der Lage wären, Menschen zu zerquetschen und ihnen das Hirn aus dem Schädel zu saugen. Die beiden Taucher stehen vor dem spannendsten Tauchgang ihres Lebens. Niemals zuvor wurden Walrosse unter Wasser gefilmt. Langsam schwimmen die Taucher zur Scholle. Die Walrosse sollen ihre Annäherung bemerken und reagieren.

Die einmalige Unterwasser-Begegnung zwischen Mensch und Walroß verläuft friedlich: Die Walrosse haben aus dem Verhalten der Taucher sehr rasch erkannt, daß diese keine Gefahr darstellen und aggressive Verteidigung daher nicht nötig ist. Im Gegenteil: Jede Annäherung und Berührung der Taucher und Kameraleute erfolgt äußerst sanft und vorsichtig. Die spielerisch neugierige Kontaktaufnahme signalisiert die hohe Intelligenz der Tiere. Wissenschaftler vermuten nicht von ungefähr, daß Walrosse sogar intelligenter als Delphine sein könnten.

12. August 1872: *»Wir erreichen Nowaja Semlja. Dichter Nebel fällt ein. Wir hören Böllerschüsse. Es ist die ›Isbjörn‹, das Versorgungsschiff unseres großen Freundes und Förderers Graf Wilczek! Er war mit seiner Mannschaft nur wenige Wochen vor uns abgefahren, um im Norden Nowaja Semljas für uns ein Lebensmitteldepot anzulegen. Auch Hofphotograph Burger ist an Bord. Er photographiert den ›Tegetthoff‹ im Küsteneis vor Nowaja Semlja. Außer diesen Photos berichten nur Payers Zeichnungen über unsere Expedition. Erstaunlich, daß die Apparate Burgers trotz Kälte zu funktionieren scheinen. Graf Wilczek möchte Seine Majestät unseren Kaiser Franz Joseph mit einem Photoalbum über die Expedition informieren. Deshalb sind wir geduldige Opfer seiner neuen Phototechnik. Burgers Ausrüstung zur Hervorrufung der Bilder wiegt insgesamt 210 Kilogramm. Payer beurteilt die Teilnahme eines Photographen an Expeditionen daher äußerst skeptisch. Er könne als Maler Bleistift und Skizzenbuch ohne Aufwand überall hin mitnehmen. Photographien hingegen können nur im unmittelbaren Umkreis des Schiffes entstehen. Burger fertigte treffliche Konterfeis der Mannschaft. Sie werden Seine Majestät in Wien gewiß amüsieren! Aber kann sein Apparat auch die wahre Schönheit der arktischen Natur richtig erfassen und wiedergeben? Die unwissende Zivilisation bezeichnet die Arktis als ›trostlose Ödnis‹. Sie weiß nicht wie imponierend schön das Eismeer ist!«*

Eisbären werden im Jänner geboren. Schon im Alter von drei Monaten begleiten sie ihre Mutter auf der Nahrungssuche.

Wenn die Sommersonne die dicke Eisdecke des Meeres geöffnet hat, beginnt das Eismeer zu leben. Eisbären streunen auf der Suche nach Futter durch das Pack- und Treibeis. Auf den driftenden Eisschollen liegen Walrosse. Mit den Eisschollen erreichen sie bequem und kräftesparend neue Futterplätze. Auch alle arktischen Vögel sind auf das Eismeer als Futterquelle angewiesen. Sobald die Sonne, die im arktischen Sommer 24 Stunden lang scheint, die Eisdecke geöffnet hat, beginnt unter Wasser die Blüte des Phytoplanktons, die Basis der arktischen Nahrungskette. Zum Phytoplankton gehören einzellige, mikroskopisch kleine Pflanzen. Sie besiedeln die Unterseite der Schollen und bilden hier eine Art Weideplatz für die Kleintiere des Eismeeres. Aber abgestorbenes Phytoplankton sinkt auch in die Tiefe und nährt die am Boden lebende Tiere.

Die Temperatur des Salzwassers liegt unter dem Gefrierpunkt bei fast minus zwei Grad. Viele Tiere wie etwa Quallen besitzen in ihrer Körperflüssigkeit eine Art Frostschutzmittel, um sich vor dem Kältetod zu schützen. In der Kälte läuft das Leben wie in Zeitlupe ab. Die Tiere entwickeln sich langsam, werden aber sehr alt – Seesterne zum Beispiel oft 100 Jahre und mehr. Die bizarre Unterwasserwelt des arktischen Eismeeres ist noch kaum erforscht. Wie schaffen es so zarte Wesen, in der eisigen Kälte zu überleben? Taucher können hier nicht länger als 45 Minuten im Wasser bleiben.

Wie das Leben des Eismeeres aber während der Dunkelheit des arktischen Winters abläuft, ist ein großes Rätsel. Genau bekannt hingegen ist die enorme Bedeutung des Eismeeres für das globale Klima. Im Sommer reflektiert das Eismeer Sonnenlicht wie ein großer Spiegel in den

Weltraum und bewahrt die Erde dadurch vor zu großer Erwärmung. Eis bildet sich meist ab Ende August. Das salzige Meerwasser beginnt erst bei etwa minus zwei Grad Celsius zu frieren. Kleinste Eiskristalle sammeln sich auf der Wasseroberfläche. Wenn Milliarden Eiskristalle das Meer bedecken, sieht dies vorerst wie ein öliger Brei aus. Mit zunehmender Kälte wachsen die Kristalle zu einer immer dicker werdenden Eishaut zusammen. Am Ende des Sommers bedeckt dickes Packeis das Meer.

21. August 1872: *»Der Abschied von unserem Freund Graf Wilczek schmerzt unsere Seelen! Dampfend fahren wir am Isbjörn vorbei Richtung Norden. Das Eis nimmt an Dichte zu. Die Reisebedingungen verschlechtern sich rapid. Aufregung und Jagdfreude erfüllt uns, als wir dem ersten Eisbären begegnen. Seine Neugierde hat ihn dicht bis zum Schiff getrieben. Wir werden sein Fleisch an die Hunde verfüttern. Der Wind ist unbeständig und vereitelt meine Schiffahrtspläne. Offene Fahrtrinnen können sich binnen kurzer Zeit mit Eis füllen. Deshalb müssen Polarfahrer geduldig sein, Täuschung und Mißgeschick darf sie nicht verunsichern. Die richtige Route durch das Eis zu wählen ist immer Glückssache! Das Unglück läßt im Eismeer hingegen nicht lange auf sich warten.«*

Die klassische Gefahr der Seefahrt im Eismeer ist der Eisberg. Unter der Wasseroberfläche verbirgt sich die eigentliche Gefahr. Driftende Eisberge schürfen mit dem riesigen Unterwasserteil oft tiefe Furchen in den Meeresboden. Viele bleiben für einige Zeit sogar stecken. Eisberge sind Abbrüche von Gletschern, die ins Meer »gekalbt« haben. Dort wo Strömungen und Schmelzvorgänge den Eisberg aushöhlen, entstehen Süßwasserblasen. Dieser Schmelzprozeß macht Eisberge so gefährlich: Denn der Schwerpunkt des Eisberges kann sich plötzlich verändern. Dann dreht sich der Koloß von unten nach oben und reißt alles mit, was sich in der Nähe befindet. Eine ständig drohende Gefahr nicht nur für Schiffe, die einem Eisberg zu nahe gekommen sind, sondern auch für Taucher, die Eisberge erforschen wollen.

3. September 1872: *»›Eis, Eis! Und nit a bisserle Wasser!‹ So beklagt der Tiroler Hundebetreuer und Bergführer unsere Situation! Nur von den Masten aus kann man noch Wasserwege erspähen. Häufig hat sich auch der Nebel gegen uns verschworen. Schon Ende Juni haben wir an der Spitze des Mastes ein Faß, das ›Krähennest‹, angebracht, um von diesem Beobachtungsposten aus das Schiff durch das Eis zu lotsen. Auf die vor dem Bug liegende Eissituation achtet ein zweiter Mann am Vordersteven. Vom Krähennest aus können Hindernisse im Umkreis von fünf Meilen gesichtet werden. Der Lotse im Krähennest leitet den Steuermann durch Zeichen und Zurufe. Selbst der unkundige Laie kann ermessen, welche Mühsal die Schiffahrt im nordöstlichen Eismeer darstellt. Kann denn ein Seeweg durch die nordöstliche Arktis jemals von wirtschaftlichem Nutzen sein?«*

Im 20. Jahrhundert stellt sich diese Frage mit aller Schärfe: Der nordöstliche Seeweg zwischen Murmansk und Wladiwostok ist für Rußland lebensnotwendig. Sibirien ist auf diese kostenintensive Versorgungsstraße angewiesen. Mit 5.000 Kilometern ist diese Route die kürzeste Verbindung zwischen Europa und Fernost und wäre daher auch für die internationale Seefahrt interessant – wenn es das Problem Eis nicht gäbe. Die russische Arktis ist deshalb auch heute noch eine große seemännische Herausforderung.

Der »Tegetthoff« brach mit einer 100 PS starken Dampfmaschine in die Arktis auf. 120 Jahre später bahnen sich Atomeisbrecher wie die »Taymir« mit 44.000 PS den Weg durch das winterliche Packeis.

Im Hafen von Murmansk liegt Rußlands Eisbrecherflotte, darunter riesige Atomeisbrecher mit Leistungen bis zu 75.000 PS und einer Brücke, die sich neun Stockwerke über Deck befindet. Murmansk war wie die gesamte russische Arktis mehr als 70 Jahre militärisches Sperrgebiet der ehemaligen Sowjetunion. Die Erschließung der russischen Arktis durch Eisbrecher war ein wichtiger Aspekt des sowjetischen Selbstbewußtseins, wurde aber auch für politische Propaganda mißbraucht. Das Schicksal des sowjetischen Eisbrechers »Sedow« ist dafür ein Beispiel.

1937 wurde der Eisbrecher »Sedow« beim Versuch, andere Schiffe vom Eis zu befreien, selbst vom Eis eingeschlossen. Zweieinhalb Jahre lang driftete daraufhin der »Sedow« und seine Besatzung mit dem Packeis Richtung Nordpol. Im Januar 1940 gelang es dem eben erst in Dienst gestellten Kriegseisbrecher »Stalin«, bis zu dem driftenden »Sedow« am 82. Breitengrad vorzudringen. Andere Eisbrecher hatten schon vergeblich versucht, den »Sedow« zu befreien. Nun aber hatte das Kriegsschiff »Stalin« das bisher Unmögliche geschafft. Nie zuvor war ein Schiff mit eigener Kraft so weit in den Norden der Arktis vorgedrungen. Die Begegnung der beiden Schiffe mitten in der Polarnacht wurde propagandawirksam inszeniert und gefilmt. Die spektakuläre Rettung des »Sedow« durch den Kriegseisbrecher »Stalin« war genau der Stoff, aus dem die Mythen des sowjetischen Heldentums gestrickt werden konnten.

Heute macht es viel Technik zwar einfacher, das Eismeer zu befahren. Aber ein Abenteuer bleibt es: Der russische Eisbrecher »Taymir« durchpflügt mit acht Knoten den Eispanzer, der am 70. Breitengrad fast einen Meter dick ist. Der Kurs wird durch die Auswertung von Satellitenbildern ermittelt. Doch diese Informationen sind nur bedingt nützlich, denn die Eisverhältnisse

Für die Besatzung des »Tegetthoff« beginnt im Oktober 1872 der erste Winter in der Arktis mit reichlichem Schneefall.

können sich rascher ändern, als die Information via Satellit übertragen werden kann. Im Eismeer ist die Wahl der richtigen Route auch im 20. Jahrhundert noch weitgehend Glücksache.

13. Oktober 1872: *»Der ›Tegetthoff‹ ist vom Eis eingeschlossen, steht unbeweglich inmitten von Packeis. Seit Wochen sind wir ›unfreiwillige Passagiere‹ des Eises. Der Winter hat mit reichlichem Schneefall bereits begonnen. Das Schiff wird winterfest gemacht. Zur Untätigkeit verdammt finden wir Zerstreuung beim Lesen. Am Abend fällt Payer auf, daß die Kajütenlampe schwingt. Bewegt sich das Schiff? Nein, wir befinden uns mitten in einer Eispressung! Sie droht das Schiff zu zermalmen! Riesige Schollen drängen senkrecht gegen den Rumpf. Das Schiff neigt sich nach backbord. Das Eis droht das Schiff zu zerdrücken. Alle aus den Kojen und Bereitschaft auf Deck! Es ist rührend und chaotisch, wie wir versuchen, gegen die Allgewalt der Natur zu kämpfen! Eine lange, ungewisse Winternacht steht uns bevor.«*

Der moderne russische Eisbrecher »Taymir« hat seine Fahrt Richtung Norden fortgesetzt. Auf 75 Grad nördlicher Breite lassen mächtige Preßeisrücken das riesige Schiff erzittern. Die Scheinwerfer des Schiffes tasten sich durch die Polarnacht. Eisige Hindernisse bis zu 15 Meter hoch stellen sich in den Weg. Schnee auf dem Eis bremst die Fahrt des Schiffes zusätzlich. Unter solchen Bedingungen dauert es mehr als zehn Stunden, um 100 Meter zurückzulegen. Es besteht immer die Gefahr, daß auch dieser Eisbrecher vom Eis eingeschlossen und manövrierunfähig wird.

24. Dezember 1872: *»Der Mond ist das einzige sinnliche Band, das uns noch an die ferne Heimat knüpft. Der Dezember vergeht in absoluterDunkelheit. Auch das Weihnachtsfest weckt unsere Erinnerung an zu Hause, an unsere Freunde in der Heimat. Eine Kiste mitgenommener Geschenke wird ver-*

lost. Sie wurde von der Marine spendiert. Große Freude erfüllt jene, die eine Flasche Rum oder einige Zigarren gewinnen. Die Außentemperatur ist auf minus 45 Grad gefallen. Wer jetzt Deckwache halten muß, ist nicht zu beneiden. Er hüllt sich in alles ein, was er zur Verfügung hat. Aber trotz Kälte und Finsternis verliert die Mannschaft nie ihren Frohsinn. Heitere Gesänge der Istrianer und Dalmatiner rufen oft die Erinnerung an unsere sonnige Heimat wach. Einer der Matrosen erzählte mir von seinem Freund, einem Musikanten. Als es vor der Expedition zum Abschiednehmen gekommen war, habe er für ihn eine Melodie gespielt. Diese Abschiedsmelodie sei nun das wichtigste Hab und Gut in seinem Seesack. Keine Eispressung könne ihn je überraschen. Das Lied des Freundes werde er immer bei sich haben, bis ... ja, ›bis‹. Das Wort Tod wagte er nicht auszusprechen, aber – ich sah es – er dachte daran. Guter Matrose, welch großes Geschenk hast Du Deinem Kapitän mit dieser Anekdote über Dein kleines Lied gemacht! Das Vertrauen, das mir meine Männer entgegenbringen, gibt mir die Kraft, sie sicher durch die Schrecken der Kälte und der Finsternis zu führen.«

Julius Payer, der wissenschaftliche Leiter der Expedition.

Die Seefahrt im Eismeer begann vor mehr als 2.000 Jahren. Seither haben Polarfahrer Stück für Stück des arktischen Geheimnisses gelüftet. Ihre Schiffe wurden größer und stärker, das Wissen über das Eismeer nahm zu. Eines aber scheint durch die Jahrhunderte der Polarfahrten gleichgeblieben zu sein – die Faszination, die von dieser Welt aus Eis und Schnee ausgeht.

Langsam bricht sich der Bug der »Taymir« durch das nun mehrere Meter dicke Eis. Das Schiff hat den 78. Breitengrad überquert. Dampf umhüllt den Schiffskörper. Einer Raumfähre

In beißender Kälte ließ die Mannschaft die Beiboote des »Tegetthoff« aufs Eis, um nicht mit ihnen auch die letzte Chance auf Rettung zu verlieren, falls eine Eispressung den Schoner bersten lassen sollte.

Krabbentaucher kehren schon in die Arktis zurück, wenn das winterliche Packeis noch geschlossen ist. Nahrung finden sie zu dieser Jashreszeit nur in »Polynias«, das sind Wasserstellen, die niemals zufrieren.

bis 40 Grad noch sehr kalt. Aber das stört die kleinen Krabbentaucher offensichtlich nicht. Wo aber finden sie hier ihr Futter? Warum kommen sie schon im März, obwohl sich auf Franz-Joseph-Land das Eismeer vor Juli sicher nicht öffen wird?

Die Expedition »Arktis Nordost« hat auf Franz-Joseph-Land ein Basislager errichtet, um zu erforschen, welche Überlebensstrategien Tiere und Pflanzen unter den Extrembedingungen der Hohen Arktis entwickeln. Dem Flug der Vögel folgend, will man herausfinden, wo die Krabbentaucher Mitte März ihr Futter finden. Für diese mehrere Tage dauernde Expedition muß alles mitgenommen werden: Bekleidung, Zelte, Nahrung, Treibstoff. In dieser Wildnis sind Fortbewegung und Überlebenslogistik für den Menschen enorm aufwendig und schwierig. In drei Tagesreisen können nur etwa 60 Kilometer zurückgelegt werden. Immer wieder fliegen Krabbentaucherschwärme in nordöstlicher Richtung vorbei. Irgendwo muß es eine Oase in dieser Wüste aus Eis geben.

Riesige Eisblöcke blockieren die Fahrt. Sie entstanden während der winterlichen Eispressungen und zeugen von der gewaltigen Kraft, die hier in den Wasserstraßen des Archipels gewirkt haben muß. Plötzlich wird aufsteigender Dampf gesichtet. Gibt es hier trotz minus 40 Grad Kälte offenes Wasser? Tatsächlich: Das Eis ist hier äußerst dünn und brüchig. Und zwischen Schollen sprudelt offenes Wasser – eine Oase mitten in einer Wüste aus Eis. Sich der offenen Wasserstelle über das unberechenbar dünne Eis zu nähern, ist äußerst riskant.

Vorhergehende Doppelseite: ***Der »Tegetthoff« in der arktischen Eiswüste.***

Solche Wasserstellen, die nie zufrieren, nennt man »Polynias«. Eine Polynia ist der wärmste Platz weit und breit und bietet Futter für viele Seevögel und Meerestiere. Zugvögel, die auf

Franz-Joseph-Land brüten, gewinnen einen großen Zeitvorsprung. Denn der arktische Sommer beginnt erst im Juli und dauert nur sieben bis acht Wochen. Polynias ermöglichen es den Vögeln, schon Monate früher Futter zu finden und ihre Brut vorzubereiten. Warum das Wasser nicht friert, ist noch nicht restlos erforscht. Strömungen und Winde tragen zur Bildung von Polynias sicher bei, sind aber nicht die einzige Ursache.

Im Juli beginnt der arktische Sommer. Im Treibeis der nunmehr offenen Sunde des Archipels beginnt das Liebesspiel der seltenen Elfenbeinmöwe. Nur sieben Vogelarten können in der Hohen Arktis auch überwintern. Die Elfenbeinmöwe ist eine davon. Wie sie während des Winters hier lebt, ist noch nicht erforscht. Im Sommer leben Elfenbeinmöwen im Treibeis. Oft brüten sie sogar auf Eisbergen oder größeren Schollen. Ihr zoologischer Beiname »pagophila« bedeutet »Vogel, der das Eis liebt«. Weniger beliebt ist sommerliches Treibeis bei Polarfahrern. Es behindert ihre Mobilität. So erging es auch der österreichischen Expedition, nachdem sie im August 1873 Franz-Joseph-Land entdeckt hatte. Zwischen Expeditionsschiff und Küste lag ein breiter Treibeisgürtel. »Mehrere Versuche über das Treibeis Richtung Land zu marschieren, sind gescheitert«, schrieb Weyprecht damals in sein Tagebuch. »Payer ist ungeduldig. Es ist zu befürchten, daß er bei weiteren Versuchen Gefahr läuft, vom Schiff abgeschnitten zu werden. Zudem fehlen sichere Transportmittel für eine Überquerung des Eises. Payers Ungeduld ist schwer zu ertragen.«

20 Jahre nach Payer, 1895, war wieder ein Polarfahrer mit Ungeduld erfüllt: Das norwegische Forschungsschiff »Fram« driftet seit zwei Jahren Richtung Nordpol. Fridtjof Nansen, Leiter dieser wissenschaftlichen Expedition, die die Eisdrift erforschen sollte, beschließt, das Schiff zu verlassen. Er will zu Fuß zuerst den Nordpol und dann Spitzbergen erreichen. Nansen konstruiert ein Transportmittel für den gefährlichen Marsch durch das Packeis – eine Kombination aus Schlitten und Kanu. Gemeinsam mit seinem Kameraden Hjalmar Johansen schafft es Nansen zwar nicht, den Nordpol zu erreichen, aber mit ihren Kanu-Schlitten erreichen sie auf ihrem Weg nach Süden Franz-Joseph-Land.

Um im Sommer auf Franz-Joseph-Land die Distanz von einer Insel des Archipels zur anderen zurückzulegen, ist Nansens Idee, Schlitten und Kanu zu kombinieren, noch immer unübertroffen. Die Eisdecke der Sunde ist zwar noch weitgehend geschlossen, aber nicht immer tragfähig. Der Schmelzprozess ist voll im Gange. Überall kann offenes Wasser den Marsch behindern. Dann kommt auch bei der Expedition »Arktis Nordost« das Kanu zum Einsatz. Immer wieder folgen den Kanufahrern Eisbären. Sie durchstreunen futtersuchend den Sund. Die Eisbären sind die Könige dieses arktischen Archipels. Sie sind gute Schwimmer, und aus der Distanz kann man sie kaum von einer kleinen Scholle unterscheiden. Vorsicht ist geboten, denn Eisbären sind unberechenbar. Sie sind gefährliche Raubtiere, Bewaffnung ist in der Arktis daher immer notwendig. Doch meist nähert sich ein Eisbär dem Menschen nicht, um zu attackieren, sondern aus Neugierde. Gelassen setzt er dann seine Wanderung durch das Eis des Sundes fort.

dem Prinzip: Synergie mit anderen hilft, die eigenen Überlebenschancen zu verbessern. Wo es reichlich Vogelkot gibt, ist der Hahnenfuß zu finden. Am Fuße von Vogelkolonien ist pflanzliches Leben oft schon so weit entwickelt, daß die ehemalige Frostschutt-Halde gänzlich überwachsen ist – wie auf Kap Flora.

Die Vogelkolonie auf Kap Flora ist ein wahres Spektakel. Hunderttausende Vogelstimmen sind zu einem einzigen, großen Ton vereint. Hier brüten Dickschnabellummen, die großen Verwandten der kleinen Krabbentaucher. Die Weibchen legen nur ein Ei, das so geformt ist, daß es nicht von der schmalen Klippe rollen kann. Nach etwa drei Wochen wird das Junge schlüpfen. Kolonievögel wie die Lummen führen ein erstaunlich geselliges Leben. Die gegenseitige Reinigung des Gefieders ist ungeheuer wichtig. Nur ein intaktes Federkleid schützt vor Kälte und Nässe.

Lummen und Krabbentaucher bauen ihre Nistplätze immer an küstennahen Klippen. Da sie mit ihren kurzen Flügeln nicht besonders gut segeln können, brauchen sie die Nähe des Was-

sers. Beide sind ausgezeichnete Taucher. Sie holen sich ihr Futter oft aus mehreren Metern Tiefe. Um beim Tauchen den Auftrieb zu verringern, komprimieren sie ihr Gefieder. Ihre Flügel benützen sie zur Fortbewegung unter Wasser ebenso elegant wie in der Luft. Als vollendete Flügeltaucher scheinen sie auch im Wasser zu »fliegen«.

Auch Dreizehenmöwen, die einzigen echten Hochseemöwen, nisten auf Vogelfelsen auf Franz-Joseph-Land. Ab Mai kehren sie zum selben, seit vielen Jahren benutzten Nistplatz zurück. Nistplatzwechsel kommt nur selten vor. An die Felsvorsprünge kleistern Männchen und Weibchen gemeinsam Nistmaterial, bis eine kleine Plattform entsteht. Das Leben in einer Kolonie ist beengt. Die Hackweite bestimmt und definiert den Abstand zum Nachbarnest. Aber die Gemeinschaft bietet Sicherheit. Immer sind einige Vögel wach oder aufmerksam, um Alarm vor Raubmöwen zu geben. Vor Eisbären schützt die steile Klippe. Der Futterplatz liegt vor der Haustüre. Im Sommer gibt es im arktischen Meer ein reichhaltiges Angebot. Deshalb verbringen so

Den Teilnehmern der historischen Expedition muß die abenteuerliche Fahrt in die Arktis wie eine Reise zu einem fremden Planeten aus Wasser und Eis erschienen sein.

Zur Vermessung des Neulandes bestieg Payer immer wieder Anhöhen, um die fremde Inselwelt zu überblicken. Bei minus 50 Grad Celsius zeichnete er die ersten Karten von Franz-Joseph-Land.

herausragenden Bergen aus kann Payer die Unterlagen zur Kartographie des Landes erarbeiten. Schreckliche Kälte macht diese Mühsal zur unmenschlichen Tortur. Am Sonklar-Gletscher arbeitet Payer bei Wind und minus 50 Grad Celsius. Das Zeichnen und Messen muß ohne Handschuhe erfolgen. Ständig ist Payer in Gefahr seine Finger zu erfrieren.«

Auf seinem Weg nach Norden benannte Payer alle ihm sichtbaren Inseln und Wasserstraßen. Noch heute erinnern viele geographische Namen, wie zum Beispiel Austria-Sund, Insel Klagenfurt oder Insel Wiener Neustadt an Payers Schlittenreise. Trotz der enormen Kälte von minus 40 Grad gibt es in den Sunden offenes Wasser und brüchiges Eis. Bei schlechtem Wetter sind diese tödlichen Fallen kaum zu sehen. Die weiße Wildnis ist schön, aber voller tödlicher Gefahren. Julius Payer, der Abenteurer und Künstler, war von der Schönheit des Archipels verzaubert, wie berauscht. Keine Anstrengung, keine Gefahr waren ihm zu groß. Payer saugte mit all seinen Sinnen die Schönheit dieses arktischen Inselreichs ein und schöpfte daraus Kraft. Unermüdlich hielt er seine Eindrücke in Zeichnungen und Skizzen fest.

Der Austria-Sund durchschneidet den Archipel von Süd nach Nord. Auf dieser Route kam Payer so gut voran, daß er in ihr »die wahre Straße zum Nordpol« vermutete. Payer wußte zwar, daß der Nordpol nicht sein Ziel sein durfte, auch wenn er dies insgeheim wünschte. Sein Ehrgeiz aber war es, zumindest weiter nach Norden zu gelangen, als je ein Mensch zuvor. Den Rekord hielt damals der amerikanische Polarfahrer Hayes, der 1861 in der kanadischen Arktis bis über den 81. Breitengrad vorgedrungen war.

Ostersonntag 1874: »*Die Schönheit des Kap Tirol und die Überschreitung des 81. Breitengrades versetzen Payer in Hochstimmung. Auch das Jagdglück ist den Schlittenreisenden hold. Am Fuße des Kap Tirols wird ein kapitaler Bär erlegt.*«

Das Jagdglück bewahrte die Hunde vor dem Schicksal vieler Schlittenhunde des 19. Jahrhunderts: Um sich vor dem Hungertod zu retten, töteten damals viele Polarfahrer ihre Hunde. Payer wollte sich nie vorstellen, selbst einmal zu diesem Schritt gezwungen zu sein. Er liebte seine Hunde wie Freunde.

12. April 1874: »*Gestern haben Payer, Orel und Zaninovich die Kronprinz-Rudolf-Insel erreicht. Nach 17 Tagen Marsch läßt Payer auf Kap Fligley, dem nördlichsten Punkt der Erkundungsreise, Österreich-Ungarns Flagge wehen. Dies sei kein Akt völkerrechtlicher Inbesitznahme des Landes, hält Payer fest, als er ein Dokument unter den Steinen deponiert. Was ihn, den Künstler zutiefst bewege, sei die unermeßliche Schönheit der weißen Wildnis und daß es gelungen sei, den 82. Breitengrad zu überschreiten. Als Payer jenseits des 83. Breitengrades die blauen Säume weiterer Inseln sieht, ist er traurig. Dieses scheinbar zwischen Himmel und Eis schwimmende Land bleibt für ihn unerreichbar, denn er muß zum Schiff zurück. Payers Schlittenreisen strapazieren meine Geduld. Sie könnten unseren Rückzug nach Europa verzögern. Doch wenn Payer nicht rechtzeitig zurückkehrt, muß ich ohne ihn aufbrechen. Payer hat starke und positive Gefühle zu diesem Land entwickelt. Ich bin anders. Als Seemann bin ich wie mein Schiff. Ich fühle mich hier als Gefangener. Mehr als wissenschaftliches Interesse kann ich der arktischen Wildnis nicht entgegenbringen. Payer hingegen liebt das Abenteuer!*«

Schlittenhunde halfen Payer, den arktischen Archipel zu erforschen.

Abenteuer und Wissenschaft müssen kein Gegensatz sein. Nur 20 Jahre nach Weyprecht läßt ein Wissenschaftler sein Schiff, es heißt »Fram«, absichtlich vom Eis einschließen, um die Polardrift zu studieren. Es ist der norwegische Polarforscher Fridtjof Nansen, der im März 1895 nördlich von Franz-Joseph-Land den 84. Breitengrad, erreicht hat. Wie Payer verließ auch Nansen sein Schiff. Mit Hjalmar Johansen wollte er zuerst Richtung Nordpol und dann nach Franz-Joseph-Land und Spitzbergen marschieren.

Nansens Versuch, den Nordpol zu erreichen, war ein tollkühnes Abenteuer. Drei Wochen lang marschierte er Richtung Nordpol und erreichte den 86. Breitengrad. Doch die Drift des Eises behinderte das Vorankommen stark. Nansen drehte um. Er wollte Franz-Joseph-Land erreichen, um von dort aus, Payers Landkarte nutzend, nach Spitzbergen zu gelangen. Mit dem arktischen Sommer und dem aufbrechenden Eis nahmen auch die Schwierigkeiten zu. Dann verlor Nansen auch noch die Orientierung: Er hatte vergessen, seine Uhr aufzuziehen. Aber der Norweger hatte den richtigen Instinkt. Unbeirrt zog er über Packeis und offene Wasserrinnen Richtung Südwest.

Nansen war für den arktischen Sommer bestens gerüstet. In Grönland hatte er lange mit Eskimos gelebt und gelernt, mit leichten Kajaks offenes Wasser zu überqueren. Er suchte nach

Ein Stolperdraht umgibt das Basislager »Arktis Nordost« und soll das Team vor Übergriffen von Eisbären warnen. Berührt ein Bär den Draht, werden automatisch Leuchtraketen gezündet.

den von Payer auf dem 83. Breitengrad vermuteten Inseln, konnte sie aber nicht finden. Er nahm an, daß Payer von Luftspiegelungen, die hier in der Arktis häufig vorkommen, getäuscht worden war. Nansen und Johansen paddelten weite Strecken durch das Eis des Polarmeeres, bis sie endlich fünf Monate nach Verlassen der »Fram« Inseln sichten. In Payers Karte waren diese nicht verzeichnet. Nansen war unsicher: Ist es Franz-Joseph-Land oder das sagenhafte »Gillisland«, das in der Nähe von Spitzbergen vermutet wurde?

Mitte August 1895 betraten Nansen und Johansen nach zwei Jahren Expedition im Polareis erstmals wieder Land. Nansen hatte den Nordosten des Franz-Joseph-Landes erreicht. Auf Payers Karte war aber nur der mittleren Teil des Archipels eingezeichnet. Payers Schlittenreise 1874 erfolgte entlang des Austria-Sundes, ausgehend von Süden, wo das Expeditionsschiff »Tegetthoff« lag, bis zum Kap Fligley, dem nördlichsten Punkt des Archipels, insgesamt etwa 350 Kilometer.

Bereits wenige Jahre nach der österreichischen Entdeckung war der westliche Teil des Archipels entlang des Britischen Kanals durch englische Polarfahrer erkundet worden. Als Nansen im August 1895 Franz-Joseph-Land erreichte, wußte er weder, wo er war, noch, daß auf Kap Flora im südwestlichen Teil des Archipels der englische Polarfahrer Frederik Jackson ein Lager errichtet hatte. 1894 hatte Jackson hier für einen dreijährigen Forschungsaufenthalt ein Camp gebaut. Es ist interessant, daß diese erste menschliche Siedlung auf Franz-Joseph-Land sich in der Nähe eines Vogelfelsens befindet. Nansen verglich das laute Wirrwarr solcher Vogelfelsen immer mit Städten.

Kap Flora und Frederik Jacksons Expedition erlangten 1896 aufgrund eines unglaublichen Zufalls die Aufmerksamkeit der gesamten Weltöffentlichkeit. Jackson brachte die Zivilisation in die Wildnis dieser arktischen Inselwelt. Der Engländer baute für die 1.000 Tage, die er und seine Leute auf Kap Flora verbrachten, hier eine erste Ansiedlung mit allem Komfort, den sich damals Polarfahrer nur wünschen konnten. London auf Franz-Joseph-Land war Jacksons Überlebensprinzip in der weißen Wildnis. Auf Camp »Elmwood« gab es sogar Pferde. Die Jagd auf Eisbären diente dem Jagdvergnügen der Engländer und nicht dem Überleben. Häufig wurden Bären mit Futter angelockt, um sie leichter schießen zu können.

Ganz und gar nicht komfortabel gestaltete sich der zeitgleiche Aufenthalt von Fridtjof Nansen und Hjalmar Johansen auf Franz-Joseph-Land. Es war Ende August: Nansen erkannte, daß er keine Chance hatte, vor Einbruch des nächsten Winters Spitzbergen zu erreichen. Um zu überleben, mußte ein Winterlager gebaut werden. In der Bucht einer Insel, die Nansen später »Jackson-Insel« taufte, fand sich ein geeigneter Platz. In Nansens Expeditionsbericht ist der Bau dieses Winterlagers detailliert beschrieben: Er war nicht mehr als eine mit Walroßhaut und Moos bedeckte Erdhöhle. Heute sind zwei Fichtenholzstämme – Treibgut, das Nansen an der Küste gefunden und als Dachfirst verwendet hatte – der einzige Hinweis auf Nansens Behausung. Innen war sie mit Bärenfell ausgekleidet, Walroßspeck und Bärenfett wurden zum Beleuchten und Heizen verwendet. Das Fleisch der Bären bewahrte die beiden Polarfahrer vor dem Hungertod. Während des Winters 1895/96 haben Nansen und Johansen 19 Bären erlegt und verspeist. Rund um das Lager sind bis heute viele Eisbärenknochen zu finden.

Am 15. Mai 1874 ließen die Polarfahrer den »Tegetthoff« zurück, um mit den Beibooten offenes Wasser zu erreichen.

Tagebucheintrag von Kapitän Carl Weyprecht, 14. Mai 1874: »*Heute nacht habe ich Abschied von meinem Schiff genommen. Es hier, 1.000 Meilen entfernt von der Menschen-Welt zurückzulassen, tut weh. ›Die Plünderung des Schiffes‹, so nennt Klotz unsere Vorbereitungen für den Rückzug nach Europa, ist fast abgeschlossen. Unser Marschgepäck ist für drei Monate bemessen. Obwohl nur das Wichtigste mitgenommen werden darf, wiegt alles zusammen mehr als 90 Zentner.*«

15. Mai 1874: »*Wir nehmen Abschied. Vom Schiff, vom Land und vom Grab unseres Freundes. Payer, das spüre ich, leidet den Schmerz eines Liebenden. Ihm fällt der Abschied von Franz-Joseph-Land, seiner schönen Geliebten, äußerst schwer. Unsere Expeditionsergebnisse haben wir vorsorglich in einer Blechkiste verlötet und sorgsam verpackt. Meine wissenschaftlichen Daten, Payers Zeichnungen und kartographische Skizzen, zoologische und botanische Proben sowie die Logbücher sind unsere kostbarsten Güter. Sie und unser Leben zu retten ist meine Aufgabe und Verantwortung. In fünf Tagen werden wir unsere Flucht aus der Wildnis beginnen.*«

Heute, Ende des 20. Jahrhunderts, ist Wildnis selten und kostbar geworden. Fast überall wurde sie von Menschen zerstört. Auf Franz-Joseph-Land leben einige hundert Eisbären, die vermutlich zwischen Spitzbergen und Franz-Joseph-Land hin und her wandern. Dabei legen sie große Strecken auch schwimmend zurück. Mehr als 100 Kilometer nonstop zu schwimmen, ist für Eisbären kein Problem. Die großen Vorderpfoten setzt der Eisbär als Paddel ein, die Hinterbeine dienen als Steuer. Über die langen Wanderungen der Eisbären weiß man sehr wenig, denn Eisbären wurden erst erforscht, als sie aufgrund der Jagd auszusterben drohten. Seit 1976 ist die Jagd auf Eisbären international verboten.

Während des Sommers 1896 durchquerten Fridtjof Nansen und Hjalmar Johansen den Archipel Richtung Südwest. Vorbei an Inseln und Gletschern, die auf Payers Karte nicht eingezeichnet waren, war sich Nansen noch immer nicht sicher, ob er sich überhaupt auf Franz-Joseph-Land befand. Die Jagd auf Walrosse und Vögel sicherte das Überleben der beiden Polarfahrer. Trotz der enormen körperlichen Anstrengung nahmen sie auf ihrer Expedition sogar mehrere Kilogramm zu. Während einer Jagd wurde Nansen von einem Walroßbullen einmal so heftig attackiert, daß sein Kajak leckte und zu sinken drohte. Er konnte sich nur mühsam erwehren und retten. Dennoch sprach er über die Tiere immer voll Respekt und Bewunderung. Nansen wußte, daß in dieser weißen Wildnis der Mensch der Eindringling und Aggressor ist und nicht die Tiere.

Nansen und Johansen hielten immer Kurs Südwest. Seit sie die »Fram« verlassen hatten, waren 15 Monate vergangen. 15 Monate Überlebenskampf in der weißen Wildnis – eine enorme Leistung. Am 17. Juni 1896 erreichten sie eine mit Packeis dicht versperrte Küste, von welcher der Lärm Tausender Vogelstimmen zu hören war. Als die beiden Richtung Küste marschierten, um Vogeleier zu sammeln, vermeinte Nansen plötzlich, deutlich Hundegebell gehört zu haben. Dann vernahm er nicht nur Hundegebell, sondern auch menschliche Stimmen. Wenig später kam es zum legendären Shakehands zwischen einem zivilisierten, nach Seife duftenden Engländer im karierten Anzug und einem Wilden mit langem, ungekämmten Haar und

Drei Monate lang zogen die Polarfahrer ihre Beiboote über das Eis und erreichten unter Einsatz ihrer letzten Kräfte die Grenze des Packeises.

schmutzigem Gesicht. Fridtjof Nansen hatte mitten in der weißen Wildnis des Franz-Joseph-Landes Frederik Jackson getroffen.

In »Elmwood« auf Kap Flora trafen Nansen und Johansen unerwartet auf die Annehmlichkeiten der Zivilisation. Bäder, Betten und Bücher, ja sogar Musik aus einem Spielautomaten beendeten das harte Leben in der Wildnis. Einen Monat später wurden sie vom Schiff »Winward« nach Norwegen gebracht. An Bord erfuhr Nansen, daß norwegische Geschäftsleute auf Spitzbergen ein Hotel gebaut und mit dem Tourismus begonnen hätten. Auch Franz-Joseph-Land wurde in den folgenden Jahren zum wirtschaftlichen Interessengebiet Norwegens, vor allem wegen der Jagd auf Eisbären und Walrosse – bis 1928, als die junge Sowjetunion alle Gebiete nördlich der russischen Küste zu ihrem Hoheitsgebiet erklärte. 1929 wurde die Annexion durch den Bau einer Forschungsstation in der Stillen Bucht unterstrichen, ein Jahr später war Franz-Joseph-Land sowjetisches Sperrgebiet. Seit 1963 ist die Forschungsstation aufgelassen und nur mehr ein melancholisches Relikt der Zivilisation. Vom Fortschrittsglauben der Erbauer, die Wildnis mit Technik zu bezwingen, zeugen rostige Maschinen und sogar eine Elektrizitätsanlage.

In den dreißiger Jahren wurde der Archipel zum Forschungsobjekt der sowjetischen Polarforscher. Enorme Summen wurden vom Staat dafür bereitgestellt. Dies hatte hochpolitische Gründe, denn die russische Arktis und damit auch Franz-Joseph-Land bekam zunehmend geopolitische Bedeutung. Mitten durch das nördliche Eismeer lief die Demarkationslinie zwischen Ost und West, zwischen der UdSSR und den USA. Mit dem sich verschärfenden Ost-West-Konflikt wurde Franz-Joseph-Land der nördlichste Vorposten der Sowjetunion. Die Menschen-Welt hatte in der weißen Wildnis nun endgültig Platz genommen. Aber Zeit spielt hier keine Rolle. Jahrzehnte, Jahrhunderte vergehen wie ein einziger Tag.

Rechte Seite: **Franz-Joseph-Land faszinierte Julius Payer so sehr, daß er mit Künstlern zurückkehren wollte. Für ihn war nur die Sprache der Kunst imstande, die Schönheit des Archipels zu würdigen.**

Mitten im Kalten Krieg, 1957, wurde von den Sowjets auf der Insel Hayes eine weitere Station errichtet. Heute steht diese Station vor ihrer Auflassung. Von ehemals fast 100 Menschen arbeiten nur mehr sieben Wissenschaftler auf »Krenkel«. Auf der »Krenkel-Station« wurden neben militärischen Informationen auch wichtige meteorologische Daten erhoben und Atmosphärenforschung betrieben. Heute, da der Kalte Krieg vorüber ist, gibt es für die rein wissenschaftliche Arbeit auf dieser Station kein Geld mehr. Die Menschen werden wegziehen. Was zurückbleibt, zeugt vom Kampf gegen die Wildnis und von der Verachtung der Schönheit. Wann immer Menschen diese Wildnis betreten haben, sie haben Spuren zurückgelassen: Es begann mit dem Holzkreuz am Grabe eines Maschinisten und endete mit einer Müllhalde von Maschinen unserer Zivilisation. Das hat Symbolkraft, die Botschaft ist eindringlich: Die Schönheit der Wildnis ist die Weichenstellerin des Lebens. Diese Schönheit sagt uns, daß es etwas gibt, das größer und mächtiger ist als der Mensch.

Detail vom Schrottplatz von »Krenkel« – bald wird auch die letzte der russischen Polarstationen auf Franz-Joseph-Land aufgelassen.

4. Juli 1874: *»Unser Rückzug aus der Wildnis fordert uns bis zum Letzten. Geht es so weiter, dann werden wir in 20 Jahren noch nicht zu Hause sein. Doch mit unerschütterlicher Geduld ziehen wir die schweren Lasten über das Eis. Die Schultern vieler sind von den Zugriemen bereits bis aufs Fleisch wundgerieben. Meine Messungen ergaben, daß uns das Packeis wieder nach Norden zurückgetrieben hat. Wir haben dadurch den Marsch von drei Wochen eingebüßt. Solche Mißerfolge deprimieren. Um uns vor Verzweiflung zu schützen, vermeiden wir vor allem beim Rasten Gedanken und Gespräche über unsere Zukunft. Aber Menschen, die solches gemeinsam erlebt haben, wie wir, lernen einander tiefer kennen, als es sonst Menschen gegeben ist. Deshalb weiß ich, was meine Männer denken und fühlen. Unser Schiff war ihr Heim, danach sehnen sie sich jetzt. Sie vergessen, daß es auch der Kerker war. Nein, zum Schiff kehren wir nie zurück. Unsere Zukunft liegt jenseits der Wildnis. Nur Payers Gedanken eilen trotz der enormen körperlichen Anstrengungen weit in die Zukunft voraus. Er ist beseelt von seiner Idee schon bald mit Malern und Musikern hierher zurückzukehren. Denn nur die Sprache der Kunst, sagt er, vermag den Menschen zu erzählen, wie schön Franz-Joseph-Land ist.«*

Nach drei Monaten erreichten Carl Weyprecht und Julius Payer mit ihren Männer offenes Wasser. In der Nähe von Nowaja Semlja wurden sie von russischen Fischern aufgenommen und gerettet. Alle kehrten wohlbehalten nach Wien zurück. Aber die Wiener Gesellschaft bezweifelte die Entdeckung des Franz-Joseph-Landes. Enttäuscht verließen Payer und Weyprecht Österreich. Carl Weyprecht gilt heute als einer der Väter der modernen Polarforschung.

ARKTIS NORDOST – FRANZ-JOSEPH-LAND

Eine Produktion des ORF in Zusammenarbeit mit HRT

Buch und Regie: Helmut Voitl, Elisabeth Guggenberger

Der Ruwenzori ist mit seinen mehr als 20 Fünftausendern das spektakulärste Gebirge Afrikas – im Bild der Stanley-Gletscher, benannt nach dem englischen Forschungsreisenden, der die legendären »Mondberge« 1888 als erster Europäer zu Gesicht bekam.

einzigen Landes, Zaïres, ja sogar eines einzigen Nationalparks. Er sollte nicht weniger berühmt sein als die Serengeti oder der Yellowstone-Nationalpark. Doch dieses Naturparadies ist kaum bekannt. Seinen Namen verdankt es der Kette aus Feuerbergen an seiner Südgrenze: Virunga.

Die Berggorillas sind Virungas prominenteste Bewohner. Sie waren der eigentliche Grund für die Errichtung des Nationalparks. 1921 besuchte der amerikanische Präparator Carl Akeley Belgisch-Kongo, um eine Gruppe von Gorillas für das Naturhistorische Museum in New York zusammenzustellen. Die Schönheit dieser Region beeindruckte ihn so sehr, daß er vier Jahre später zurückkehrte und den belgischen König davon überzeugte, einen Nationalpark zu schaffen. Diesem Engagement verdankt die Welt heute jenes Naturparadies im Herzen Afrikas.

Die ursprüngliche Fläche des Nationalparks umfaßte nur die Virunga-Vulkane. Doch dank der Vision und Überzeugungskraft Akeleys wurden die Grenzen später 30 Kilometer nördlich gezogen und reichen seither bis zu den Gipfeln der legendären Mondberge, des Ruwenzori. An klaren Tagen kann man von dort bis zu den Virunga-Vulkanen sehen.

Das Ruwenzori-Gebirge erhebt sich wie das freigelegte Rückgrat eines gigantischen Fossils aus dem Herzen Afrikas. Diese Gebirgskette zählt nicht zu den höchsten Bergen Afrikas, doch mit 20 mehr als 5.000 Meter hohen Gipfeln, die sich über einen 110 Kilometer langen Gebirgsgrat erstrecken, sind sie bei weitem die spektakulärsten.

Aus den heißen Regenwäldern am Fuß der Gebirgskette steigt feuchte Luft auf und läßt Nebelschwaden entstehen, die die Gipfel während des Großteils des Jahres verhüllen. Mehrere Expeditionen besuchten diese Region, bevor der britische Forschungsreisende Stanley im Jahr

1888 erstmals die Gipfel zu Gesicht bekam. Er berichtete in Europa, daß die legendären Mondberge, jenes mythische Quellgebiet des Nil, tatsächlich existierten. Die Luftfeuchtigkeit läßt auch außergewöhnlich hartes Eis entstehen, sodaß die vielen Gletscher von riesigen Eiszapfen gesäumt werden. Jeder von ihnen liefert seinen eigenen, kleinen Beitrag zu Afrikas mächtigstem Strom.

Wenn sich die Nebelschwaden auflösen, glüht die äquatoriale Sonne unbarmherzig auf die Berge nieder. Dieses Klima wurde oftmals als »Winter jede Nacht« und »Sommer jeden Tag« beschrieben. Unter diesen extremen Bedingungen sind die Pflanzen erfolgreicher als jede andere Lebensform und wachsen sich zu wahren Giganten aus. Riesenlobelien und Schopfbäume sind das Großwild im Königreich der Pflanzen.

In diesen Höhenlagen bedienen sich Pflanzen vieler Kunstgriffe, um Hitze und Kälte widerstehen zu können. Ihre Blätter sind oft silbrig und reflektieren das starke Sonnenlicht. Zugleich sind sie mit einem Pelz besetzt, der sie vor der Kälte schützt. Manche Arten legen ihre Blätter in der Nacht eng an den Stamm an, um sich warm zu halten, andere produzieren ihr körpereigenes Frostschutzmittel. Wenn die Blätter absterben, fallen sie nicht ab, sondern falten sich zusammen und umschließen den Stamm wie ein dicker, zottiger Pelz.

Mit abnehmender Höhe und steigender Temperatur verändert sich die außerirdisch anmutende Pflanzenwelt des Ruwenzori. Zwischen 3.000 und 4.000 Meter Seehöhe dominieren märchenhafte Riesenpflanzen die alpine Zone – silbrige, immergrüne Blumen, fast sieben Meter

Auf 2.000 Meter Seehöhe bedeckt ein Zauberwald aus Flechten und Moosen die Flanken des Ruwenzori. Die Einheimischen nennen ihn das »Land der Bärte«.

Vorhergehende Doppelseite: ***Mount Mikeno, »der nackte Berg«, heißt einer der Virunga-Vulkane. Sein knapp 4.500 Meter hoher Gipfel bleibt fast ständig von Wolken verhüllt.***

hohe Lobelien und Schopfbäume, die Kohlköpfen von einem fremden Planeten gleichen. 1.000 Meter tiefer wuchern Wälder aus riesigem Heidekraut, Orchideen und Moosen, die aus einer Fabelwelt zu stammen scheinen. Diese Zone nennen die Einheimischen das »Land der Bärte« – wegen der Moose und Flechten, die Bärten gleich von den Bäumen hängen. Weitere 2.000 Meter tiefer macht der Zauberwald schließlich auch Bäumen Platz, die uns in ihrer Form und Größe vertrauter sind. Hier leben auch mehr Tierarten. Manche von ihnen existieren nur im Ruwenzori-Gebirge.

Die Unwetter, die über dem Ruwenzori niedergehen, nähren Hunderte von Strömen, die sich talwärts in den Semliki ergießen, den westlichsten Nebenfluß des Nil. Einige Flüsse haben sich tief in die weichen Felsen eingegraben und ein riesiges Labyrinth aus Sandstein geschaffen. Auf seinem Weg durch den Virunga-Nationalpark fließt der Semliki entlang des Ituri-Regenwaldes und schlängelt sich durch mehrere 100 Quadratkilometer weite Palmenwälder. Wie im Hochgebirge dominiert auch hier pflanzliches Leben, doch der Ituri beherbergt auch einige seltsame und besondere Tiere.

Die Ölpalmen ziehen eines dieser Geschöpfe magisch an, einen großen Greifvogel, der als einziger seiner Familie auch vegetarisch lebt. In der Savanne ernährt sich der Palmgeier von Aas, doch im Regenwald sind die Früchte der Ölpalme seine Hauptnahrungsquelle. Wenn einige Früchte zu Boden fallen, locken die verräterischen Geräusche nicht selten Afrika-Zibetkatzen an, die die Nacht im umliegenden Dickicht verbracht haben. Zibetkatzen sind schlechte Kletterer und könnten durch diese fehlende Begabung die Früchte in den Baumkronen nie erreichen. So ist das Manna aus dem Himmel ein willkommenes Zubrot. Wie der Geier frißt auch die Zibetkatze nur die dünne äußere Schicht der Frucht. Sie enthält reichlich Öl und Nährstoffe. Doch Zibetkatzen fressen beinahe alles – Früchte, Insekten, Nagetiere, Vogeleier und Schlangen.

Kilometerlang durchzieht der Semliki den Palmenwald, der eine Schar von Tieren mit Nahrung versorgt – Affen, Eichhörnchen und Vögel. In den Palmen befinden sich die wohl seltsamsten Nestbauten der Welt. Sie werden von Altwelt-Palmseglern gefertigt. Mit ihrer Speichelflüssigkeit kleben die Palmsegler einen winzigen Polster aus Federn an einen Palmwedel. Wie der Polster, der vom Blatt herunterhängt, werden auch die Eier mit Speichel befestigt. Sie baumeln besorgniserregend in der Luft. Mit einem Körpergewicht von wenig mehr als einer Münze und einer Flügelspannweite von rund 30 Zentimetern sind die Palmsegler perfekte Flugmaschinen. Sie landen nur, um zu schlafen oder zu brüten.

Beim Brüten krallt sich das Weibchen an dem Nistpolster fest und preßt seinen Bauch gegen die Eier. Wenn es Nahrung braucht, läßt es sich abrupt fallen und fliegt davon. Für die Palmsegler sind die wogenden Palmblätter wenig romantisch. Gewöhnlich legen sie zwei Eier, aber an manch stürmischem Tag geht eines verloren – manchmal fallen sogar beide in die Tiefe. Doch die Eier kleben zumindest an ihrem Platz, das frisch geschlüpfte Küken verfügt über keine solche Hilfe. 24 Stunden am Tag muß sich das fingerhutgroße Geschöpf mit seinen winzigen Krallen an den Polster klammern, oder es fällt in den sicheren Tod.

Mit einer Geschwindigkeit von fast 130 Kilometer pro Stunde durchsieben die Elternvögel den Himmel. Rund zwanzigmal am Tag kehren sie zum Nest zurück und würgen Futter für das Küken aus ihrem Kropf. Durch die reichliche Nahrung wachsen die winzigen Flügel bald zu den wie Krummsäbel geformten Gleitschwingen der Eltern heran. Einen Monat lang hängt das Küken an seinem Polster, dann läßt es sich fallen und gleitet, ohne seine Flügel je ausprobiert zu haben, sofort wie die erwachsenen Vögel dahin.

Je weiter man in den Süden vordringt, desto mehr verschwinden die Gletscher und Schneefelder im Nebel. Der Regenwald dünnt aus und macht der Savanne Platz. Der Weg des Semliki führt zu einem der reichsten Seen der Erde, dem Edwardsee. Er ist nicht nur die Heimat von 30.000 Flußpferden, er ist das Tor zu den Vulkanen, zu Virungas feurigem Herzen.

Der Edwardsee liegt eng angeschmiegt an den westlichen Rand des Großen Grabens. Hier findet alljährlich ein wundersames Naturschauspiel statt. Zu Beginn der Regenzeit schlüpfen dicht an dicht moskitogroße Büschelmücken aus der Wasseroberfläche. Sie formen riesige schwarze Wolken, die den Rauchschwaden eines Ölfeuers gleichen. Milliarden über Milliarden von Mücken erheben sich aus dem Wasser und bieten ein Festmahl für Vögel und Fische.

Eine weitere Ursache für den großen Reichtum des Sees sind seine Flußpferde. Sie sind überall – an seinen Ufern, in allen Flüssen und Wasserlöchern und im Schlamm. Die nur an Land schwerfällig wirkenden Dickhäuter verbringen den Großteil des Tages in dem aufgeweichten Boden. Ihre massigen, unbehaarten Körper wären schnell überhitzt, wenn sie sich nicht im Schlamm oder im Wasser suhlen könnten.

Der Edwardsee ist die Heimat von 30.000 Flußpferden. Sie beherrschen das Zentrum des Parks.

Im Norden des Nationalparks dominieren die Pflanzen. Im Herzen Virungas sind die Flußpferde die Könige, ihr Einfluß ist überall zu spüren. Ihre Suhlen und Spuren haben die Seeufer und die Flußbänke geformt. Und die ungeheuren Mengen an Dung reichern das Wasser mit Nährstoffen an, die wiederum die Lebensgrundlage einer langen Nahrungskette von Insekten, Fischen und Vögeln sind. Hier bestimmen die Flußpferde das natürliche Gleichgewicht – doch nicht mit ihren riesigen Zähnen. Sie dienen nur zum Kampf zwischen Artgenossen.

Der Uganda-Kob, eine für Virunga typische Antilope, ist für sein eigenwilliges Brunftritual bekannt.

Die Flußpferde weiden das Gras mit ihren scharfkantigen Lippen ab. Sie schlagen eine 60 Zentimeter große Grasnarbe und fressen das Gras ganz kurz. Für ihre größten Rivalen, die Elefanten und Büffel, bleibt nichts mehr übrig. Riesige Massen von Flußpferden grasen das Land ab und schaffen damit einen Hunderte Quadratkilometer großen Rasen. Aber die Mäuler der Flußpferde sind empfindlich. Schon ein paar dornige Zweige halten sie vom Grasen ab. So dringt auch Gebüsch und hohes Gras in die Rasenflächen vor, und dieses Dickicht bietet Buschböcken und Büffeln Nahrung und Schutz. Auch Elefanten tun sich an dem Riedgras gütlich, das die Flußpferde nicht nützen. Und wo der Wald in die Savanne übergeht, überlappt der Lebensraum verschiedener Arten. Zwei Büffelarten existieren hier nebeneinander, oftmals grasen sie auch gemeinsam: Der Kaffernbüffel ist groß und schwarz und besitzt mächtige und schwere Hörner. Der Waldbüffel ist kleiner und rötlich und hat auch kleinere Hörner, die das Leben zwischen den Bäumen erleichtern.

Die Flußpferde haben Land und Wasser geprägt und Virunga zu einer reichen und vielfältigen Landschaft gemacht. Doch einige Kilometer vom See entfernt endet ihr Einfluß auf die Vegetation. Hinter dieser Linie, am Fuß der Felswände des Großen Grabens, prägt eine Antilope das Landschaftsbild – der Uganda-Kob. Auf traditionellen Brunftplätzen versammeln sich die schönsten Böcke und buhlen um die Gunst der Weibchen. In Abständen von weniger als 50 Metern verteilt, stellen sich die Männchen wie in einer Arena zur Schau. Wenn sich ein paarungsbereites Weibchen den aufgewühlten Männchen nähert, dann weiß es genau, wohin es gehen muß, um sich den besten Partner auszuwählen. Denn die stärksten und begehrenswertesten Väter des künftigen Nachwuchses posieren immer im Zentrum der Arena. Um zu ihnen vorzudringen, muß es einen Spießrutenlauf an den weniger attraktiven Böcken vorbei vollführen und noch dazu vermeiden, von ihnen begattet zu werden.

Für das Privileg, als Alpha-Bock im Mittelpunkt des Brunftplatzes zu stehen und schließlich zu Paarungsehren zu gelangen, müssen die Böcke einen Preis bezahlen. Die Einzelterritorien im Zentrum werden in heftigen Kämpfen gewonnen und wieder verloren. Jedes Männchen kann sich nur einige Wochen lang auf den erlesenen Plätzen behaupten. Vom Streß geschwächt, wird es dann vertrieben und durch einen anderen Bock ersetzt. Die Weibchen kümmern sich nicht darum, wer der Vater ihres Nachwuchses ist. Nur welchen Platz er einnimmt, ist für sie interessant. Mit diesem System präsentieren sich immer die kräftigsten Böcke den paarungsbereiten Weibchen.

Im Süden dominieren die Virunga-Vulkane, die dem Nationalpark seinen Namen verliehen, die Landschaft. Die Auswirkungen der feurigen Vorgänge in ihrem Inneren sind in der ganzen Region zu bemerken. An vielen Orten treten heiße Quellen an die Oberfläche. Und wie am Ruwenzori Leben jenseits des Gefrierpunktes existieren kann, so hat es sich auch in den kochenden Vulkanquellen eingenistet. Es sind Algen, die sich ähnlich der Bergvegetation extremen Temperaturunterschieden anpassen können.

Manchmal wagen sich auch Flußpferde so nahe wie möglich an die heiße Quellen heran. Insbesondere die alten, rheumakranken Männchen genießen es, sich im warmen Schlamm zu suhlen. Doch die Quellen sind ein gefährlicher Ort für Besucher – vor allem für Tiere, die Wasser und Wärme lieben. Immer wieder findet man Schlangen oder Frösche, die zu spät bemerkten, daß sie in manchen Bereichen dieser Quellen bei lebendigem Leib gekocht werden.

Dampf, der aus dem Erdboden strömt, zählt zum Erscheinungsbild der Vulkanregion. Doch alle paar Jahre treten in den üppigen Regenwäldern unheilvolle Rauchsignale aus der Erde. Tief im Erdboden fangen die Wurzeln der Bäume Feuer und senden kleine Rauchwolken an die Oberfläche. Die Vulkane fördern ihre Hitze zutage, und alle Waldbewohner können es spüren. Unruhe und Spannung liegen dann in der Luft, wenn Virunga kurz vor der Explosion steht. Die Vulkane schleudern Magmafontänen mehrere hundert Meter hoch in den Himmel, die schnell einen Kegel bilden. Der Krater im Inneren des Kegels füllt sich mit Lava, die über den Rand tritt und sich als Lavastrom über das Land ergießt. Die meisten Eruptionen dauern nur wenige Wochen an. Jede von ihnen bringt einen von den Hunderten Kegeln hervor, die Virunga ein pockennarbiges Gesicht verleihen. Größere Tiere entziehen sich dem Unheil durch Flucht. Alles andere wird von den mächtigen Feuerströmen fortgeschwemmt.

Die Virunga-Vulkane sind das feurige Herz des Nationalparks. Sie schleudern ihre Magmafontänen Hunderte Meter in den Himmel.

Auf den ersten Blick vermittelt die verbrannte Erde das Bild einer Katastrophe. Über die Landschaft gehen jedoch regelmäßig starke Regenfälle nieder, und vulkanische Asche ist sehr nährstoffreich. Binnen weniger Monate sprießt wieder fleckenhaftes Grün, wo einst ein Lavastrom alles Leben verbrannt hat. Die Pflanzen gehen aus den Samen und Sporen hervor, die der Wind von jenen grünen Inseln herbeiträgt, die einst selbst aktive Vulkane waren. Das ist der Zyklus der Vulkane: Jene Kegel, die heute die Quelle aller Zerstörung sind, werden sich in einigen Jahrhunderten wieder in einen Mantel aus Wald hüllen und Tieren und Pflanzen während künftiger Eruptionen Zuflucht gewähren.

Auf einigen größeren und älteren Inseln haben einzigartige Flüchtlinge eine neue Heimat gefunden. Hier leben Gruppen von Schimpansen. Sie ernähren sich von den Früchten der riesigen Feigenbäume, die diese alten Vulkankegel erobert haben. Doch die Schimpansen jagen auch und ergänzen ihre vegetarische Kost mit Affenfleisch. Die Versorgung mit Nahrung ist kein Problem, Wasser aber ist Mangelware. Das vulkanische Gestein ist so porös, daß alles Wasser versickert. So machen die Schimpansen auf ihren täglichen Streifzügen bei hohlen Bäumen Halt und trinken kleine Schlucke aus diesen natürlichen Zisternen.

Schimpansen kennen noch eine andere Möglichkeit, Flüssigkeit zu gewinnen. Das sorgt jedesmal für Aufregung unter den Affen. Die Ursache für diesen Aufruhr sind meist große, saftige Knollen, die sie aus der Erde graben und kauen, um ihnen Flüssigkeit zu entziehen. Manchmal tragen sie die Knollen wie eine Flasche Wasser einen ganzen Tag lang mit sich und nuckeln ein wenig daran, wenn sie durstig sind. Dieses Verhalten ist typisch für Virunga. Nur dadurch können die Schimpansen auf diesen fast wasserlosen Vulkanen überleben.

Tote Bäume erinnern überall im Park an die zerstörerische Kraft der Vulkane. Doch stellenweise haben die Feuerberge bleibende Monumente hinterlassen. An einem Ort ergossen sich die Lavamassen über einen ganzen Wald und hinterließen einen Hain aus drei Meter hohen Statuen. Die Einheimischen nennen sie »die Soldaten«, eine versteinerte Armee, die auf ihrem Weg zu den großen Gipfeln erstarrt ist.

Die gespenstischen Soldaten sind die perfekten Wächter für einen der bizarrsten Orte Virungas. Es sind Lichtungen im Wald, deren Grasteppich krank und öde aussieht. Hier nennt man sie »Mazukus«, und sie bergen ein seltsames und tödliches Geheimnis. Der Erdboden ist von Knochen und Kadavern unzähliger Tiere übersät – Überresten von Fledermäusen und Vögeln, Schmetterlingen und sogar Büffeln. In den Mazukus ist ein wahlloser Mörder am Werk, der alles auslöscht, was atmet. Alte mumifizierte Körper liegen neben solchen, die ihr Leben erst am Vortag ausgehaucht haben.

Während der Hitze des Tages sind nur die Opfer zu sehen – die kränklichen Pflanzen und die über die Lichtung verstreuten Gebeine. Doch am Morgen, wenn es kühl ist, wird auch der gespenstische Mörder sichtbar. Es ist reines Kohlendioxid, der faulige, tödliche Atem der Vulkane. Nur acht Prozent CO_2 in der Atemluft führt nach wenigen Minuten zum Erstickungstod. Kohlendioxid ist schwerer als Luft und gleitet dicht am Erdboden entlang. Hier entgeht nicht das winzigste Geschöpf dem Tod. Das Gras lockt auch größere Tiere an, und wenn sie den Kopf senken, um zu weiden, hauchen auch sie nach wenigen Atemzügen ihr Leben aus. Die Kadaver ziehen Aasfresser an. So fügen sich auch die Körper von Geiern und Schakalen in die traurige Sammlung ein. Nur tagsüber, wenn es heiß ist und der Wind das Gas aus der Senke weht, kann man die Mazukus, Afrikas seltsamste Friedhöfe, sicher betreten.

In den »Mazukus«, den seltsamsten Friedhöfen Afrikas, finden sich auch die ausgebleichten Schädel von Pavianen, die dem unsichtbaren Killer CO_2 zum Opfer fielen.

Jeder junge Berggorilla ist ein Hoffnungsschimmer für die Zukunft der am stärksten bedrohten Primatenart der Welt.

Die großen, erloschenen Vulkane an der Südgrenze des Nationalparks haben sich von schroffen Kegeln in weiche Rundungen verwandelt. Die Berghänge sind von üppigen Regenwäldern überzogen. Wie der Ruwenzori hüllen sich auch die Virunga-Vulkane zumeist in Dunstwolken. In diesem Nebel verbergen sich auch die berühmtesten Einwohner des Nationalparks – die Berggorillas. Sie leben in Familienverbänden mit bis zu zwei Dutzend Mitgliedern. Jeder dieser Verbände wird von einem dominanten Silberrücken angeführt. Die Berggorillas zählen zu Afrikas seltensten und spektakulärsten Tieren.

Die reichhaltige und vielfältige Vegetation auf den Berghängen bietet all die Nahrung, die die Berggorillas brauchen. Das Futter ist stets in Reichweite, und so haben die Menschenaffen jede Menge Zeit, um zu rasten und zu spielen. Während ihre Verwandten, die Schimpansen, regelmäßig Fleisch fressen und jedes kleine Tier schnell in Stücke reißen, ernähren sich Gorillas ausschließlich vegetarisch. Ungeheuer fasziniert und erstaunlich sanft beobachten sie andere Geschöpfe. Sie sind allein Objekte ihrer Neugier und niemals mögliche Beute.

Wenn ein Silberrücken seine Familie nahe an eine andere Gruppe heranführt, kündigt er seine Anwesenheit mit lautstarken Schlägen auf seinen massigen Brustkasten an. Doch dieses Imponiergehabe, mit dem die Gorillas lediglich ihre Revieransprüche zur Schau stellen, wurde von den ersten Forschern falsch interpretiert und verhalf den Gorillas zu einem unverdient schlechten Ruf. Seiner Zeit weit voraus beschrieb Carl Akeley die Berggorillas erstmals als friedfertige und sanfte Geschöpfe. Als Akeley 1923 so beharrlich für die Errichtung dieses Nationalparks kämpfte, campierte er an den Hängen der Virunga-Vulkane und nannte den Lebensraum der Berggorillas als »einen der schönsten und ruhigsten Orte der Welt«. Bis heute hat sich wenig daran geändert.

Wie alle Nationalparks in Afrika hat auch Virunga unter Wilderei und Bürgerkrieg gelitten. Doch trotz der turbulenten jüngeren Geschichte Zaïres haben sich die Grenzen des Virunga-Nationalparks nicht verändert. Er ist noch immer ein Zufluchtsort für eine beachtliche Vielfalt von Tieren. Carl Akeley hoffte, die Gorillas studieren zu können. Doch nach nur vier Wochen erkrankte er an Malaria und starb. Er wurde an jenem Ort begraben, dem sein Herz gehörte. Noch immer leisten die Gorillas seinem Geist Gesellschaft. Und an klaren Tagen kann man, wie es einst Carl Akeley tat, in die Ferne sehen und den Anblick von Gletschern und Wäldern, Flüssen, Seen und Vulkanen genießen. Sie alle sind ein Teil eines der spektakulärsten und dennoch am wenigsten beachteten Nationalparks der Welt – Virunga.

VIRUNGA – BERGE AUS FEUER UND EIS

Eine Produktion von Survival Anglia in Zusammenarbeit mit der National Geographic Society

Buch und Regie: Alan Root; Deutsche Bearbeitung: Sabine Holzer

Elftes Kapitel

Garamba – Die unmöglichen Elefanten

Die Beziehung zwischen indischem Elefant und Mensch ist 4.000 Jahre alt. Die grauen Riesen schleppten die Sänften von Königen und Maharadjas, sie zogen als mächtigste Kampfmaschinen ihrer Zeit in den Krieg, und noch vor wenigen Jahren waren sie unverzichtbare Werkzeuge für Branchen wie die Holzindustrie. Ganz anders ist die Geschichte des afrikanischen Elefanten. Er ist größer, schwerer, wohl auch aggressiver und gilt im allgemeinen als unzähmbar. Selbst renommierte Biologen behaupten bis heute, daß afrikanische Elefanten niemals domestiziert wurden. Doch das Unmögliche gelang in einem Gebiet Zaïres, das heute als Nationalpark unter Schutz steht – Garamba.

Linke Seite:
Einen afrikanischen Elefanten zu zähmen, galt als unmöglich. In Garamba wurde das Unmögliche geschafft.

Garamba liegt – auch im geographischen Sinn – im Herzen Afrikas. Am Nordrand des großen Regenwaldes von Zaïre weichen die Bäume Schritt für Schritt dem Grasland. Das Verhältnis zwischen Bäumen und offenem Land änderte sich zuerst langsam, dann immer schneller. In dieser weiten Savanne liegt der Garamba-Nationalpark. Durch die weiten Ebenen, die sich von Uganda bis in den Senegal erstrecken, zogen einst die Großtiere Afrikas in gewaltigen Herden. Heute findet man solche Massenansammlungen nur mehr in Garamba.

Kurioserweise haben die wilden Elefanten hier nur deshalb überlebt, weil Garamba seit fast 100 Jahren die Heimat der einzigen zahmen Elefanten des Kontinentes ist. In Garamba leben 8.000 wilde Elefanten, über 3.000 Nilpferde und die weltweit letzte Herde Nördlicher Breitmaulnashörner. Berühmt ist der Nationalpark aber für seine gezähmten Elefanten. Sie blicken auf eine hundertjährige Tradition zurück, sie haben 30 Jahre Chaos überlebt, und wer auf ihrem Rücken einmal durch dieses wilde Land geritten ist, wird sie nie mehr vergessen.

Heute gibt es nur drei vollständig trainierte Elefanten, einst waren es ganze Herden. Noch vor 100 Jahren galt Zentralafrika als einer der letzten weißen Flecken auf der Weltkarte. Ein großer Teil dieses unbekannten Landes war im persönlichen Besitz des Königs von Belgien. Weil es ihm gerade gefiel, gründete er eine Station, um Elefanten zu domestizieren. Das Unternehmen fand tief im »Herzen der Finsternis« statt, aber es wurde ein großer Erfolg, und in den dreißiger Jahren war die Station von Garamba der Stolz von Belgisch-Kongo.

Damals war das Fangen von Elefanten erschreckend einfach, und doch ungemein gefährlich. Ein Team von 15 Afrikanern lief der Herde hinterher, dann wurde ein Jungtier isoliert, mit dem Lasso gefangen und niedergebunden. Die Jäger suchten nach relativ großen Tieren. Kleine wären zwar leichter zu fangen gewesen, aber sie wuchsen nur langsam, und es dauerte Jahre, bis sie schwere Arbeit leisten konnten. Zwei Meter Schulterhöhe galten als ideal. In einem Zeitraum von 70 Jahren wurden 200 Elefanten gefangen, 50 Männer kamen dabei ums Leben.

Nach erfolgreicher Fangaktion mußte der erschöpfte Elefant zur Station gebracht werden, oft über eine Strecke von 50 Kilometern. Zwei alte, gut trainierte Elefantenkühe, die sogenannten »Kontrolleure«, kamen ins Spiel. Sie nahmen das nervöse Jungtier in ihre Mitte. Die zärtlichen Rüssel und der Körperkontakt wirkten sofort beruhigend. Eingekeilt zwischen den Kontrolleuren ließ sich das Kalb widerstandslos abführen. In nur sechs Monaten konnte es einen Mann tragen und leichte Arbeit verrichten. Auf diese Weise wurden afrikanische Elefanten beinahe ein Jahrhundert lang mit Erfolg domestiziert. Doch dies ist eine Episode der Neuzeit.

Tatsächlich begann diese Geschichte vor 2.000 Jahren. Ein Relief an einer Tempelmauer im sudanesischen Meroe, das aus der Zeit des alten Königreiches Kush stammt, zeigt Sklaven und einen Elefanten, die für eine Reise zum Mittelmeer versammelt werden. Im Jahr 300 vor Christus wurde das römische Imperium nicht mehr mit Elefanten aus Indien beliefert, man sah sich also in Afrika um. In den folgenden 13 Jahrhunderten plünderten Expeditionen das Gebiet des oberen Nil und schleppten zahllose Tiere zurück in die Heimat. Meroe lag fast 2.000 Kilometer von Rom entfernt. Die Römer errichteten also am Roten Meer eine Kette von mindestens zwölf Häfen, und für die überschwere Ladung konstruierten sie eigene Schiffe.

Die Elefanten führte man gerne bei Zeremonien und Paraden vor, aber ihr Haupteinsatzgebiet war der Krieg. Die Schlachten waren ein furchtbares Chaos. Die Elefanten stampften voran, um die feindlichen Pferde in Panik zu versetzen und die Befestigungsanlagen niederzutrampeln. Deshalb nannte man sie »die Barrikadenbrecher«. Sie waren die Panzer ihrer Zeit, und wie die Kettenfahrzeuge unserer Tage hatten auch die Elefanten ihre Schwachpunkte. Sie konnten mit verstreuten Metallspitzen, die sich tief in ihre Fußsohlen bohrten, außer Gefecht gesetzt werden.

Im Jahr 218 vor Christus brach Hannibal, der große Feldherr Karthagos, auf, um Rom mit einer riesigen Armee anzugreifen – mit dabei waren 40 afrikanische Elefanten. Mit seiner Überquerung der Alpen wurde Hannibal zur Legende, er trieb seine Armee über einen 3.000 Meter hohen, schneebedeckten Paß hinunter nach Italien. Auf dieser zweiwöchigen Reise starben über 20.000 Männer. Wieviele Elefanten ihr Leben ließen, ist nicht bekannt.

Weniger berühmt, aber ebenso spektakulär war seine Überquerung der Rhone, die an jenem Punkt fast einen Kilometer breit war. Die Elefanten wurden auf Flöße gestellt und gegen heftigen Widerstand der gegnerischen Truppen über den Fluß gerudert. Die meisten Elefanten sprangen auf halbem Weg ins Wasser. Die grauen Riesen sind von Natur aus gute Schwimmer, und kein einziger ging verloren, doch viele Bootsmänner stürzten in die Rhone und ertranken.

Ende der dreißiger Jahre standen bereits 120 Elefanten in den Diensten des Königs von Belgien.

Der letzte bekannte Einsatz von Elefanten fand im Jahr 43 vor Christus unter Marcus Antonius statt. Über die folgenden 1.800 Jahre gibt es keine Berichte über Domestizierungen. Mit den alten Königreichen am Nil ging auch das Zeitalter der gezähmten Elefanten zu Ende, und in der Welt der grauen Riesen herrschte wieder Frieden. Bis zum Jahr 1879, als König Leopold von Belgien jenen seltsamen Einfall hatte und ein Projekt beschloß, das heute zu den merkwürdigsten Anekdoten der afrikanischen Geschichte zählt.

In jenem Jahr reisten vier indische Elefanten und ihre Mahouts von Bombay nach Afrika. Sie gingen an der Küste des heutigen Tansania an Land. Ihr Ziel war 2.400 Kilometer entfernt, im beinahe unberührten Herzen Afrikas. Dort sollten sie Einheimische und Elefanten in der Kunst des Domestizierens unterrichten. Für die Afrikaner an der Küste war es wohl ein unvergeßlicher Tag. Im Jahr 1879 war Zentralafrika ein furchterregendes Land: Sklavenjäger terrorisierten die Stammesbevölkerung, wilde Tiere und tödliche Krankheiten verbreiteten Angst und Schrecken – denkbar schlechte Zeiten also für einen Technologietransfer dieser Art.

Ein Gespann aus zwei Elefanten konnte Lasten von bis zu vier Tonnen mühelos ziehen.

Trotz allem erreichten sie sechs Monate später Tabora, einen arabischen Sklavenumschlagplatz, 700 Kilometer von der Küste entfernt. Für die Expedition war es der letzte Triumph. Zwei Elefanten waren bereits an Krankheit gestorben, ein dritter starb kurz danach, und ein Jahr, nachdem sie die Küste verlassen hatten, verweigerte der letzte Elefant, die alte Leitkuh, das Fressen. Man errichtete für sie sogar eine maßgeschneiderte Behausung, doch in dieser fremden Welt, umgeben von seltsamen Menschen und Tieren, siechte sie dahin und starb – an Traurigkeit, wie die Mahouts meinten. Bald darauf wurden die beiden Leiter der Expedition von Eingeborenen getötet. Doch König Leopold von Belgien ließ sich von den schmerzlichen Verlusten ebensowenig abschrecken wie seinerzeit Hannibal.

Fünf Jahre später marschierte die nächste Expedition durch die weiten Ebenen im Norden von Belgisch-Kongo. Sie kam mit einer knappen und präzisen Anweisung ihrer Majestät: afrikanische Elefanten einfangen und zähmen. Die Expeditionsteilnehmer waren alle aus demselben Holz geschnitzt: aristokratische Offiziere der Kavallerie, die wußten, wie man harte Burschen in einem rauhen Land kommandiert. Die Operation wurde militärisch durchgezogen.

Vorhergehende Doppelseite: ***Ein Elefant beim Schlammbad – die grauen Riesen sind das prägende Element Ituris. Sie lichten die Wälder aus und sorgen so für deren bemerkenswerte Artenvielfalt.***

wett. Nur eine Handvoll Zoologen hat ihn jemals zu Gesicht bekommen, er gilt als der Heilige Gral der Vogelkundler.

Unübersehbar sind hingegen die Spuren der Elefanten im Ituri-Regenwald. Sie verlangsamen nicht nur den Regenerationsprozeß in den Lichtungen, an manchen Orten vergrößern sie die Waldblößen durch ihr aktives Zutun. Und das passiert am wahrscheinlichsten an jenen Stellen, an denen sie sich versammeln, um zu trinken oder Mineralstoffe aufzunehmen. Die Dickhäuter saugen hier Salze auf, die rund zwei Meter unter der Oberfläche lagern. Die alten Kühe stoßen ihren Rüssel so tief sie können ins Wasser und blasen Luft aus, um die mineralhaltige Schicht freizulegen. Die Jungtiere warten geduldig, entweder sind ihre Rüssel zu kurz, oder sie haben den Trick mit den Luftblasen noch nicht gelernt. Auch durch die Schlammbäder der Dickhäuter vergrößert sich die Lichtung Tag für Tag. Jeder Elefant, der sich im Schlamm suhlt, trägt an seinem Körper viele Kilogramm Schlamm davon. Und bei vielen hundert Elefanten kommt in Tausenden Jahren einiges zusammen.

Die Elefanten säubern und lichten den Wald nicht nur, sie spielen auch eine wichtige Rolle bei der Wiederaufforstung. Die Samen einiger Urwaldbäume keimen nur, wenn sie den Verdauungstrakt der Elefanten passiert haben. Und viele Gräser und Kräuter können nur auf den sonnenbeschienenen Stellen gedeihen, die von den grauen Riesen freigelegt wurden. So verleihen die riesigen Gärtner dem Ituri-Wald eine ganz besondere Faszination. Sie schaffen ein Mosaik aus sich unablässig verändernden Lebensräumen, die eine erstaunliche Vielfalt ver-

Hirschferkel sind mit Schweinen wie mit Antilopen gleichermaßen verwandt. Bei Gefahr gehen sie in einem Bach auf Tauchstation und entziehen sich so den Blicken ihrer Feinde.

Der Schwarzrückenducker ist nur eine von mehreren Kleinantilopen, die durch ihre Ernährungsweise in den Ituri-Wäldern verschiedene ökologische Nischen füllen.

schiedener Tierarten beherbergen. Das frische Grün lockt Waldbewohner an wie den Bongo, eine der schönsten Antilopen Afrikas, die man jedoch nur selten zu Gesicht bekommt. Auch Waldbüffel brauchen Gras, um zu überleben. Diese Tiere trinken bevorzugt an offenen und übersichtlichen Wasserstellen, wo sich Leoparden kaum unbemerkt anpirschen können.

Doch manche der Tiere sind so außergewöhnlich, daß sie unsere Vorstellungskraft übersteigen. Eines dieser seltsam anmutenden Geschöpfe der Ituri-Wälder ist das spanielgroße Afrikanische Hirschferkel. Der Name verrät es – das Hirschferkel ist eine primitive, mehr als 20 Millionen Jahre alte Spezies, die mit Antilopen wie Schweinen gleichermaßen verwandt ist. An Antilopen erinnert die Körperform, an die Schweine die Eckzähne des Männchens, die wie bei Keilern zu kleinen scharfen Hauern heranwachsen und bei Kämpfen für ernsthafte Verletzungen sorgen können. Hirschferkel ernähren sich von Pilzen, Fallobst und Früchten und sind immer in der Nähe von Wasserstellen anzutreffen.

Flüsse und Sümpfe halten ausreichend Nahrung bereit, doch viel wichtiger ist, daß sie dem Hirschferkel bei Gefahr Zuflucht bieten. Wenn es sich bedroht fühlt, reagiert es erstaunlich: Es läuft zum nächstliegenden tieferen Fluß, gleitet ins Wasser und versteckt sich tauchend auf dem Grund des Flusses. Das Hirschferkel kann nicht nur schwimmen, sondern spaziert wie ein Flußpferd auf dem Grund. Es hält seine Augen offen, doch scheint es unter Wasser ähnlich schlecht sehen zu können wie wir Menschen. Es preßt seinen Bauch dicht an den Grund, um nicht von der Strömung an die Oberfläche getrieben zu werden, und spaziert mehr als einen Meter unter der Wasseroberfläche aus der Gefahrenzone. Wenn nötig, spart es Sauerstoff,

Rechte Seite:
Ein Blitz schlägt in eine 20 Meter hohe Platane ein. Gut sichtbar sind zwei Fangentladungen – eine von der Fernsehantenne des Farmhauses und eine neben dem Einschlag in den Baumwipfel, die für den Blitz glücklicherweise attraktiver war.

Ernstfall aus dem Hauptquartier des National Severe Storms Laboratory. Hier wird auf dem Radarschirm Tag und Nacht der gesamte Mittelwesten nach Unwettern und Tornados abgesucht. Der legendäre Gewitterjäger Dave Rust wird mit seinem Team und einer Armada von Spezialfahrzeugen versuchen, möglichst nahe an die Blitze heranzukommen. Das Warten kann Tage und Wochen dauern.

Endlich: Eine Front zieht von Texas nach Norden. Nun beginnt die Treibjagd auf ein flüchtiges Gespenst, das stets nur Millisekunden zwischen den Wolken erscheint. Seit vielen Jahren schon versuchen in Oklahoma Atmosphärenforscher, das launische Verhalten der Gewitterstürme zu durchschauen, um die Bevölkerung früher als bisher warnen zu können. Die Mannschaft der P3 hat ihr halbes Leben an der Schlechtwetterfront verbracht. Als düstere Wolkenschleier in Sicht kommen und die Luft unruhig wird, erspäht das Radarauge des Flugzeugs das Zentrum des Gewitters. Per Funk werden die Teams in den Autos zum finsteren Ziel dirigiert.

Die Forscher treibt nicht nur Neugierde, sondern auch die Statistik des Schreckens: Die Blitzschäden betragen Hunderte Millionen Dollar. Jedes Jahr werden in den Vereinigten Staaten etwa 100 Menschen vom Blitz erschlagen. Dave Rust und sein Team zählen die Sekunden. In wenigen Augenblicken wird ein Gewitter über ihre Köpfe ziehen. Genau dann werden sie ihren mit Meßinstrumenten bestückten Ballon in den Nachthimmel schicken. Doch wie kommt es in den Wolken zu diesen gewaltigen elektrischen Spannungen? Warum blitzt es überhaupt?

Blitze sind ein Fingerzeig des Himmels. Darüber waren sich die Menschen auf allen Kontinenten einig. Auch in den europäischen Alpen haben sich Rituale erhalten, deren Wurzeln im Dunkel der Geschichte liegen: Ein Hühnerei, im Frühjahr über das Dach geworfen, schützt das Jahr über vor Blitz und Donner. Die gleiche Wirkung erwartet man sich von eiförmigen Steinen und von Pflanzen wie der Hauswurz, auch »Donnerkraut« genannt. Europas Himmel wurde jahrtausendelang von Blitzgöttern beherrscht. Da gab es Thor, den alten Germanen. Er schleuderte seine Waffe, den Thorhammer, gegen Riesen und Drachen, die den Regen zurückhielten. Zeus bestrafte mit dem Himmelsfeuer die alten Griechen, Jupiter drohte damit den Römern. Die Guten wurden von den Blitzen stets geschützt, die Bösen bestraft. Dagegen hilft nur eines: beten. Bei jeder Messe hatte man früher um Gewittersegen gebeten, bei Unwettergefahren eine geweihte Kerze angezündet und geweihte Palmzweige ins Feuer gelegt.

Blitze, die das Vieh erschlagen, Hagel, der ganze Ernten vernichtet – in den rauhen Alpen sitzt die Furcht vor Unwettern tief. Und so hielten sich in der westlichen Welt die Mythen und Göttersagen viele Zeitalter hinduch. Erst Mitte des 18. Jahrhunderts holte der Amerikaner Benjamin Franklin die Blitze aus dem Himmel in die Welt der Physik. Franklin bewies, daß Blitze ein elektrisches Phänomen sind. Mit seinem Sohn ließ er im Jahr 1752 vor einem herannahenden Gewitter den berühmtesten Drachen der Forschungsgeschichte steigen, um herauszufinden, ob die Wolken elektrisch geladen sind. Der geniale Politiker und Denker hatte sich nur wenige Jahre mit wissenschaftlichen Fragen beschäftigt, dennoch legte er das Fundament für die Erforschung der Elektrizität.

Um das Experiment ranken sich viele Legenden. Eines steht fest: Der Blitz schlug mit Sicherheit nicht in den Drachen ein, sonst hätte Benjamin Franklin seinen Versuch wohl kaum überlebt. In Wahrheit geschah folgendes: Bald nachdem der Drache in den Himmel gestiegen war, knisterte es am Ende der Drachenschnur, und Funken sprangen über. Damit war klar, daß die Wolken elektrisch geladen sind. Wolken und Erdboden sind zwei Pole, zwischen denen wie in einer Batterie ein elektrisches Spannungsfeld besteht. Dieses Feld erweckt die Blitze zum Leben. Heute weiß man, daß die Atmosphäre auch bei Schönwetter unter Spannung steht. Durch Franklins Entdeckung verloren die Blitzgötter an Einfluß, aber so leicht war das Himmelreich nicht zu besiegen.

Das Zeitalter der Fliegerei hatte gerade erst begonnen, als der Schriftsteller und Pilot Antoine de Saint-Exupéry einen Nachtflug in der Pionierzeit der Luftfahrt beschrieb. In seiner Poesie spürt man das Grauen: »Schwere Wolken löschen die Sterne aus, und der Besatzung scheint es, als würde man über kurz oder lang gegen die geballte Nacht anrennen wie gegen eine Mauer. Der Horizont leuchtet auf wie Schein von einem Schmiedefeuer, und das Flackern der Blitze zieht sich tief ins Land hinein und enthüllt immer neue Wolkenburgen.« Exupérys Piloten durchquerten das Gewitter nach dem Kompaß, verloren dabei die Orientierung und kehrten niemals zurück. So geschah es im Roman wie in der Wirklichkeit. Gewitter verursachten zahllose Abstürze. Die Forschung kam nur mühsam voran.

Der entscheidende Impuls kam im November 1969, als die »Apollo 12«-Mission um ein Haar in einer Katastrophe endete. 36 Sekunden nach dem Start legten zwei Blitze die Bordelektronik der Saturn-Rakete lahm. Durch Geistesgegenwart konnte das Schlimmste verhindert werden. Die Politik reagierte: Mit einem Mal standen für die Blitzforschung in den USA nie dagewesene Budgets zur Verfügung. Um die Sicherheit in der Luftfahrt zu erhöhen, flogen von nun an Spezialflugzeuge mitten in die Gewitter hinein. Diese Maschinen haben modernen Jets eines voraus: Sie fliegen ohne verwundbare Elektronik und bestehen rundum aus Metall. Der Großvater der amerikanischen Blitzforschungsflugzeuge ist eine F-106 der NASA. Die Maschine sieht geschunden aus, überall ist sie von Hageleinschlägen eingedellt. Unter den beiden Tragflächen hängen zwei Meßgeräte, die aussehen wie Maschinengewehre, aber lediglich Instrumente zur Analyse von Eis- und Wasserpartikel enthalten.

»Wenn Sie ein tapferer Pilot sind«, sagt der amerikanische Blitzforscher Vlad Mazur, »können Sie mit diesem Flugzeug mitten durch ein Gewitter fliegen, ohne vor Blitzen Angst haben zu müssen. Sitzen Sie aber in einer anderen Maschine und sind weniger mutig, machen Sie besser einen großen Bogen. Und meiden Sie vor allem die Randzonen abflauender Gewitter, wo Flugzeuge häufig getroffen und beschädigt werden.« Mazur weiß, wovon er spricht. Er war so mutig und hat Anfang der achtziger Jahre als leitender Wissenschaftler Geschichte geschrieben. Mazur und seine Piloten jagten mit ihrer F-106 durch mehr als 400 Gewitter. So entdeckte er, daß ein Blitz niemals ins Flugzeug einschlägt, sondern vom Flugzeug selbst ausgelöst wird. Der Jet riß die Ladung förmlich aus den Wolken. Dank dieser halsbrecherischen Flüge werden

Jede Sekunde gehen 50 bis 100 Blitze auf die Erde nieder.

Passagierjets heute so konstruiert, daß sie vor Blitzschlägen weitgehend sicher sind. Was die anfällige Elektronik betrifft, haben sich die Flugzeughersteller einiges einfallen lassen. Vlad Mazurs Rat an alle Passagiere: »Lehnen Sie sich ruhig zurück und genießen Sie ihren Drink!«

Trotz vieler neuer Erkenntnisse blieb den Forschern das letzte Geheimnis bis heute verborgen: Niemand weiß, was sich tatsächlich im Inneren eines Gewitters abspielt. Die neuesten Meßdaten führen zu abenteuerlichen Theorien und gehen von einem Inferno aus Wind, Regen und Eis aus. In einer kilometerhohen Luftsäule reißt die aufsteigende Wärme Wasserpartikel mit sich, die hoch oben mit Eispartikeln kollidieren – bei minus 20 Grad Celsius und Geschwindigkeiten von 180 Kilometern pro Stunde. Durch die Reibung der Eispartikel baut sich in der Wolke Elektrizität auf. Dann verteilen sich plötzlich die positiven Ladungsträger in den oberen Regionen des Gewitters, während die negativ geladenen Eisteilchen absinken. Schließlich entlädt sich ein Blitz. 50 bis 100 solcher Entladungen gehen jede Sekunde auf die Erde nieder.

In Gewitterzellen stoßen selbst die besten Meßgeräte an ihre Grenzen. Man muß der Natur also eine Falle stellen – wie auf einem Berg in New Mexico, der auf magische Weise Blitze anzieht. Im Sommer ziehen hier pünktlich spätnachmittags Gewitter auf. Dann holen die Blitzforscher Miniraketen hervor, mit denen sie die elektrische Ladung aus den Wolken kitzeln. An langen Metalldrähten sollen die Blitze zu Boden fahren. So kann man sie nach Bedarf auslösen und in kontrollierten Experimenten beobachten.

vorchristlichen Jahrhundert herrschten hier die Perser, bis ihre Armee von Alexander dem Großen geschlagen wurde. Noch bis weit in das vergangene Jahrhundert plünderten lokale Herrscher die vorbeiziehenden Karawanen. Heute ist das Leben geruhsamer, doch die Natur bleibt unberechenbar. Steinlawinen und Erdrutsche bedrohen die Landwirtschaft. Zudem liegt das Hunza-Tal außerhalb des Einzugsgebiets des Monsuns. Der Ackerbau hängt vollständig vom Schmelzwasser ab, das von den Gletschern ins Tal geleitet wird.

In diesem Gebiet liegt auch der steilste Ort der Welt. Zwischen dem Bett des Hunza und dem Gipfel des Rakaposhi hebt sich das Terrain auf einer Strecke von nur elf Kilometern um 6.000 Höhenmeter. Auch die Ausmaße der Karakorum-Gletscher sind atemberaubend. Sie gehören zu den größten der Welt. Aber es ist die extreme Steigung zwischen den Nährgebieten und den Gletscherzungen, die weltweit als einzigartig gilt.

Die Landschaft befindet sich in ständigem Umbruch. Die Oberfläche der Gletscher ist mit Geröll bedeckt. Darunter ist das bis zu 300 Meter dicke Eis stellenweise kaum erkennbar. Wie ein riesiges Förderband trägt der Gletscher das Geröll zu Tal, manchmal unendlich langsam, manchmal Hunderte Meter pro Jahr. Mit seiner Unterseite schürft der Gletscher den Berg ab, zerreibt Gestein zu Pulver – Gletschermilch, die von den Flüssen weggespült wird.

Die unbändigen Kräfte der Erosion tragen Schicht für Schicht ab. 150 Millionen Tonnen Schlamm befördert der Indus jedes Jahr zum Meer. Trotzdem wachsen die Himalaya-Gipfel beständig weiter. Denn die Kontinente stoßen noch immer aufeinander, die Erdkruste bewegt sich weiterhin, manchmal mit katastrophalen Folgen: 1841 löste ein Beben einen gigantischen Erdrutsch nördlich des Nanga-Parbat-Gipfels aus. Eine Flanke des Tals fiel praktisch zur Gänze

Schwarzhalskraniche verlassen im Herbst das Hochland von Tibet und überfliegen den Himalaya, um in den Tälern Bhutans zu überwintern.

Der Tahr ist mit Schafen und Ziegen gleichermaßen verwandt, aber auch mit den Gemsen der Alpen. Kein Wunder, daß er auf felsigem Terrain selten den Tritt verliert.

in den Indus und blockierte die Wassermassen. Ein mehr als 30 Kilometer langer Stausee bildete sich. Dann brach der Damm. Eine gigantische Wasserwand raste durch die Schlucht und zerstörte alles, was ihr im Weg stand. Fast 500 Kilometer flußabwärts campierte eine Armee von Sikhs. Alle Soldaten ertranken in den Fluten.

Der Indus ist älter als die Gipfel des Himalaya. Als sich die Berge erhoben, schnitt der Fluß auf dem Weg zum Meer eine immer tiefere Schlucht durch das Gestein. Doch kleinere Flüsse wurden vom Himalaya eingeschlossen. Die Erde faltete sich auf, und die Fließrichtung der Ströme kehrte sich um. Sie versickerten in den Salzseen und Sümpfen des tibetischen Hochlandes. Während der meisten Monate des Jahres bleiben hier Grünoasen eine seltene Erscheinung. Die vereinzelten Vegetationsflecken ziehen die Menschen und ihre Herden an. Doch sie sind auch Tummelplatz für wilde Tiere. Viele Arten von Wasservögeln kommen hierher, um vom üppigen Nahrungsangebot des kurzen tibetischen Sommers zu profitieren, zu nisten und ihre Jungen aufzuziehen.

Manche sind weitverbreitet, etwa Taucher, Rotschenkel und Flußseeschwalben. Andere sind seltener anzutreffen wie der Schwarzhalskranich. Von ihnen existieren weltweit nur mehr etwa 3.000 Exemplare, die meisten nisten im Hochland von Tibet. Gute Nistplätze sind oft auch gute Weideplätze. Die Schwarzhalskraniche befinden sich daher mitunter in unangenehmer Gesellschaft von domestizierten Yaks. Ein Fehltritt des schwerfälligen Yaks reicht, um die Eier zu zermalmen. Und wo Yaks sind, sind auch Menschen. Doch sie sind keine Bedrohung für die Kraniche. Die Vögel werden von der buddhistischen Gemeinschaft verehrt.

Die meiste Zeit des Jahres bleibt das Hochland von Tibet pickelhart gefroren. Für wenige Wochen allerdings lockert das Eis seine Umklammerung. Dann funkeln zahlreiche Seen im kargen Land. Einige bestehen aus Süßwasser, die meisten sind salzig, manche winzig, andere riesengroß. Der Salzsee Quinghai Hu mißt 80 Kilometer im Durchmesser und ist damit der größte See Chinas. Im Sommer nisten hier Gänse und Möwen. Die Möwen befinden sich auf 3.000 Meter Seehöhe und sind mehr als 1.500 Kilometer vom Ozean entfernt.

Es sind hauptsächlich Tibet-Lachmöwen. Gemeinsam mit den Streifengänsen nisten sie in riesigen gemischten Kolonien von bis zu 10.000 Vögeln. Normalerweise fressen Möwen Gänseeier. Doch die Tibet-Lachmöwen sind zu schwach, um die Eischale aufzubrechen. Ganz im Gegensatz zur größeren Fischmöwe: Wenn eine Fischmöwe mit einschlägigen Absichten umherstreift, bildet sich schnell ein gieriges Gefolge von hoffnungsvollen Mitläufern. Die kleinen Tibet-Lachmöwen gehen beim Mundraub so schnell und geschickt vor, daß für die größeren Verwandten oft nichts übrig bleibt.

Wenn in der Brutkolonie die ersten Streifengans-Küken schlüpfen, kommt Unruhe in die Kolonie. 24 Stunden später führen die Eltern ihre Brut hinunter zum See. Das daunengefütterte Nest bleibt verlassen und steht für Nachmieter offen. Die Möwen-Küken schlüpfen erst später. Bis dahin werden sie auf einem luxuriösen Bett aus Gänsedaunen ausgebrütet. Draußen auf dem See müssen die Streifengänschen schnell wachsen. Sehr bald wird das Wasser wieder gefrieren. Dann müssen sie die lange Reise nach Süden, nach Indien, durchstehen.

... Der Yak ist das universelle Arbeitstier der Scherpas und liefert auch Milch, Butter und Wolle.

Auch die Kraniche machen sich dann auf den Weg. Im Oktober versammeln sie sich in einem Sumpfgebiet am südlichen Rand des Hochlands von Tibet. Mittlerweile hat die Sonne kaum mehr die Kraft, das Eis zu schmelzen. Bald wird der Sumpf hart gefroren sein. Die Schwarzhalskraniche werden dann bereits den mächtigen Himalaya überquert haben, um in den versteckten Tälern von Buthan den Winter zu verbringen. In diese bewaldeten Gebirgsausläufer dringt der Winter niemals vor.

Oberhalb der Baumgrenze ist es allerdings bereits bitter kalt. Im November ist den Tahrs ein langes Winterfell gewachsen. Im Herbst ist auch Brunftzeit: Die Tahrböcke versuchen, die Gunst der Geißen zu erringen. Handfeste Auseinandersetzungen sind selten. In ihrem Wettbewerb zählen Großspurigkeit und eindrucksvolle Posen. Die Tahrböcke stellen ihre langen Haare auf, um größer zu erscheinen. Auch der Glanzfasan, der Nationalvogel Nepals, gibt noch eine letzte Vorstellung. Die Hennen tarnen sich mit düsteren Farben. Doch die Hähne tragen ein Federkleid von irisierender Pracht. Im Schatten des Mount Everest haben die Sherpas die Kartoffeln von ihren Feldern geerntet, und die Vögel scharren nach Nahrung in der frisch durchwühlten Erde.

Yaks vor der Kulisse der Everest-Gruppe – ihnen kann es selbst auf 4.500 Meter Höhe im Sommer zu heiß werden.

Die Sherpas kultivieren neben Kartoffeln auch Buchweizen und Gerste. Außerdem halten sie Vieh: Yaks sowie eine Kreuzung aus Yaks und Rindern. Diese Kreuzung verfügt über die Zähigkeit von Yaks, kann aber höheren Temperaturen standhalten und dadurch auch in niedrigeren Bergregionen gehalten werden. Außerdem geben diese Tiere mehr Milch, die aber kaum einmal frisch getrunken wird. Neben Weichkäse stellen die Sherpas hauptsächlich Butter her. Früher handelte man mit Butter, selbst Löhne wurden in dieser Form ausbezahlt.

Das Yak-Fell ist ebenfalls ein kostbarer Rohstoff. Die groben Haare werden mit einem scharfen Messer entfernt, die feine Wolle mit der Hand ausgezupft. Wenn die Yaks ihr Winterkleid verlieren, funktioniert das besonders gut. Das Haar wird zu einem Faden gesponnen und zu Decken, Kleidern und Zelten verwoben. Die gröberen Deckhaare geben vortreffliche Seile ab, um Vieh anzubinden oder schwere Lasten am Sattel zu befestigen.

Die Winter im Schatten des Mount Everest sind kalt und klar. Heu bringt die Herden gutgenährt durch den Winter. Aber der Frühling kommt spät in das Tal, und jeder sprießende Fleck ist schnell abgegrast. Dann werden die Yaks beladen für ihre Reise zu den Hochweiden. Sie können mehr als 50 Kilogramm schleppen – ein weiteres Einsatzgebiet für diese vielseitig verwendbaren Tiere. Diese Wanderungen mit den Jahreszeiten bestimmen das Leben der Hir-

Gegenwind stehen. Er konnte nur für Sekunden drehen und mußte sich dann wieder abwenden. Hugh Miles hatte überall Erfrierungen, und er dachte, daß ihm jeden Moment die Finger abfallen würden. »Der Wind ist das Schlimmste«, erzählt er aus der Schule, »die Augen beginnen zu tränen, und die Flüssigkeit friert sofort. Man muß also die Handschuhe ausziehen, um mit den Händen das Eis in den Augen zu schmelzen, dann frieren dir natürlich sofort wieder die Finger ein.«

Moderne Ausrüstung ermöglicht das Überleben in der Arktis, man kann sich fortbewegen und sogar die Kamera aufwärmen. Aber die Technik löst nicht alle Probleme. Miles: »Wenn die Kamera zu stark erwärmt ist und man will das Objektiv wechseln, muß man dabei natürlich die Kamera vorne öffnen. Jeder Kameramann weiß, daß dann die kalte Luft auf die warme Kamera trifft und sich am Spiegel Kondenswasser bildet. Das gleiche geschieht, wenn man durch den Sucher schaut, bei minus 30 Grad friert das Wasser sofort und zwischen dem Bild und dem Auge liegt eine Eisschicht.«

So erging es ihm bei den wohl legendärsten Eisbäraufnahmen überhaupt: Die Bärin kam aus ihrer Höhle, in der sie drei Monate mit ihren Jungen überwintert hatte. Man spürte ihre Freude, endlich im Freien zu sein, und sie rutschte auf ihrem Rücken den Abhang hinunter. Genau in diesem Augenblick war der Sucher vereist. Als die Bären dort rutschten, mußte Miles also nach Gefühl scharfstellen, er konnte kaum etwas erkennen. »Aber ich war glücklich, dort zu sein«, erinnert er sich gerne an diesen Moment zurück, »es ist doch ein Privileg, einen Eisbären aus der Nähe sehen zu können. Die Unbequemlichkeiten sind eine Frage der Einstellung. Das ist eben der Preis, den man für solche Erlebnisse zahlen muß.«

Kaiserpinguine im antarktischen Winter zu filmen, gehört für Tierfilmer zu den größten Herausforderungen.

Auch Stephen de Vere hatte sein Erlebnis – unter ebenfalls extremen Bedingungen. Er verbrachte mit 40 australischen Wissenschaftlern vier Wintermonate in der Antarktis, um Kaiserpinguine zu filmen. Einen Monat lang herrscht undurchdringliche Finsternis und bittere Kälte. Genau in dieser Zeit brüten die Pinguin-Männchen die Eier aus – inmitten der wildesten Stürme auf Erden. Die Kolonie, die de Vere mit der Kamera beobachtete, zählte 30.000 Vögel. Sie saßen völlig bewegungslos nebeneinander und warteten auf den Frühling, bis die Weibchen zurückkamen, um die frischgeschlüpften Küken zu übernehmen.

»Als die Weibchen dann endlich kamen«, erinnert sich Stephen de Vere, »freute ich mich für die Männchen. Ich war ihnen den ganzen Winter hindurch sehr nahe gewesen und hatte die Stürme mit ihnen durchgestanden. Ich begriff, wie wenig ich diesem Klima gewachsen bin. Ich mußte mich in Schutzbauten verstecken und derart dicke Kleidung tragen, daß ich mich kaum noch bewegen konnte. Und dann stehen da diese Tiere im Freien, 24 Stunden am Tag«.

Es schien, als wäre das Schlimmste überstanden, doch dann nahm das Schicksal der Pinguine eine traurige Wendung. Die Weibchen kehrten vom Meer zurück und übernahmen die

Küken. Aber viele Weibchen kamen erst spät, die Männchen hatten bereits alle Hoffnung aufgegeben, sie je wiederzusehen, und verließen die Küken, um wenigstens selbst zu überleben. Stephen de Vere: »Überall liefen kleine Pinguine im Schnee umher und suchten bei den Erwachsenen Schutz. Die aber hatten ihre eigenen Küken zu wärmen und vertrieben die kleinen Waisen. Sie starben zu Hunderten. Ich war versucht, sie einzufangen, in die Jacke zu stecken und sie zur Station zu bringen, aber das war nicht möglich. Sie hätten höchstens einige Stunden überlebt. Ich konnte sie nicht füttern, und es war furchtbar, diesem Sterben zuzusehen. Nach kurzer Zeit mußte ich gehen, der Anblick war unerträglich.«

In einer lebensfeindlichen Umgebung ganz anderer Art leben Millionen Flamingos: Ihre Heimat sind die Sodaseen des Großen Grabens in Ostafrika. Das Wasser ist derart ätzend, daß es die Haut vom Körper fressen würde, und an einigen Stellen so heiß, daß man darin Eier kochen könnte. Das Leben ist hart und das Filmen beinahe unmöglich. Warum also sollte man hierher kommen? »Weil das Schauspiel der Natur alle Probleme vergessen läßt«, sagt Kameramann Owen Newman, der hier unvergeßliche Bilder aus der größten Flamingokolonie der Welt drehte.

Wo Hitze und Feuchtigkeit aufeinandertreffen, wächst Regenwald. Für Kameramann Mike Richards ist er die Hölle auf Erden: »Beim ersten Mal sagte ich immer: ›Schaut, es regnet schon wieder!‹ Was hatte ich erwartet – ich war schließlich im Regenwald. Die Luftfeuchtigkeit liegt ständig bei 100 Prozent, das ist zu Beginn wie ein Schock für den Körper und auch für die Kamera.« Richards wollte im Regenwald Schimpansen filmen, wie sie andere Affen jagen und fressen. Unter Wissenschaftlern war diese Tatsache zwar schon seit langem bekannt, doch war dieses Verhalten noch nie richtig auf Film festgehalten worden. »Es war unglaublich kompliziert, mit der Kamera zur rechten Zeit am rechten Ort zu sein. Entweder fand alles in den Baumkronen statt, oder es war viel zu dunkel, oder ich konnte die Stelle nicht erreichen, oder die Aktion war längst vorbei, als ich ankam.«

Schimpansen auf der Jagd zu beobachten, ist auch für einen abgebrühten Tierfilmer kein schöner Anblick. Ihre blutverschmierten Grimassen passen nicht zum Image, das wir von unseren nächsten Verwandten haben.

Doch nicht die körperlichen Strapazen waren die größte Belastung bei den Dreharbeiten. Als die Aufnahmen endlich im Kasten waren, hatte Richards gemischte Gefühle. Die blutverschmierten Grimassen paßten nicht zum Image, das er – wie die meisten anderen Menschen auch – von Schimpansen hatte. »Der Anblick war unerfreulich, aber es war natürlich eine Herausforderung für jemanden wie mich, der sein ganzes Leben damit verbringt, Menschen Ereignisse zu zeigen, die sie selbst nie sehen können. Und plötzlich siehst du etwas Häßliches, Unerfreuliches. Aber letztlich ist dir klar: Wegen dieser Bilder bist du gekommen, das ist die Essenz des Tierfilmens.«

Für spektakuläre Bilder aus dem Leben der Tiere muß man oft mehr tun, als nur geduldig warten. Wie soll man etwa an einen nistenden Eisvogel herankommen, um die Aufzucht der Jungen zu filmen? Eisvögel sind Höhlenbrüter, ein Nest ist schnell gefunden, doch die Küken geschehen würde«, erinnert sich Miles. »Leoparden sind jedenfalls kräftig genug, um Geparden zu töten. Die Katzen sind etwa gleich schwer, aber der Gepard hat nicht damit gerechnet, daß er seine Beute verteidigen muß. Leoparden sind viel stärker und aggressiver, ein Kampf wäre sinnlos gewesen. Wenigstens eine Katzenfamilie war also versorgt.« Doch Miles war das Glück an diesem Tag besonders hold, denn auch die Leopardin und ihre drei Jungen sollten sich nicht lange an ihrem Mundraub erfreuen und gerieten in ernste Probleme. Schuld war die größte Katze Afrikas: »Löwen betrachten Leoparden als Konkurrenten und würden sie bei der geringsten Chance töten. As die Löwen angriffen, rasten plötzlich überall Katzen umher, und wir waren nicht sicher, ob alle drei Leopardenjungen überlebt hatten. Wir zählten also die Köpfe in den Baumkronen, und dann wußten wir, daß die genialen Kletterkünstler rechtzeitig hatten fliehen können.«

Für die meisten Filme reicht solides Handwerk nicht aus. Nur durch die Arbeit von Wissenschaftlern können Dokumentarfilmer immer wieder neue Verhaltensweisen und Tierarten auf die Bildschirme zaubern. Die Erdmännchen der Kalahari-Wüste wurden durch brillante Nahaufnahmen zu internationalen Filmstars. Der Biologe David MacDonald studierte ihr hochorganisiertes Sozialleben, Richard Goss hielt es mit der Kamera fest. »Ich glaube«, sagt Goss, »wir haben beide von diesem Projekt gleichermaßen profitiert. David wollte, daß wir das Leben der Erdmännchen dem Publikum auf originelle, schmackhafte Weise nahebringen, damit möglichst viele von seiner Forschungsarbeit erfahren.«

Die Erdmännchen graben Gemeinschaftsbauten, schieben davor abwechselnd Wache, verteidigen das Revier als Gruppe, und diverse Tanten stillen in Abwesenheit der Mutter die Jungen. MacDonalds Erdmännchen hatten sich derart an Menschen gewöhnt, daß Kameramann Goss einfach ignoriert wurde. »Ich war mit der Umgebung gut vertraut«, erinnert sich Goss, »weil ich vorher dort schon zwei Jahre gelebt und gearbeitet hatte. David half mir vor allem beim Konzept. Er führte die Geschichte in eine gewisse Richtung, indem er etwa das Verhalten der Tiere interpretierte«.

Berührende Bilder entstehen immer dann, wenn es gelingt, die Barriere zwischen Tier und Mensch zu durchbrechen. Eines der besten Beispiele dafür ist Cynthia Moss, die Elefantenexpertin des Amboseli-Nationalparks in Kenia. Seit 22 Jahren studiert sie die grauen Riesen des Parks, sie kann 860 Individuen unterscheiden, ein Blick auf die Ohren genügt: »Die Ränder der Ohren sind niemals glatt, es gibt immer kleine Ecken oder Löcher. Auch die Muster der Venen sind unterschiedlich. Aber nach einiger Zeit gewöhnt man sich an die Tiere, dann erkennst du einfach den ganzen Elefanten schon aus 100 oder sogar 200 Metern Entfernung.«

Doch vor allem eine Familie ist Cynthia Moss ans Herz gewachsen. Sie wird von einer stattlichen Leitkuh angeführt, die sie auf den Namen »Echo« getauft hat. Dank Cynthia Moss' Erfahrungsschatzes konnte Kameramann Martyn Colbeck das Leben dieser Elefantenfamilie berührend nahe und in seiner gesamten Komplexität darstellen. Für den zweiteiligen Film »Die Dynastie der Elefanten« schloß er sich vor sieben Jahren erstmals der Herde an. »Die Ausfahrten mit Cynthia waren jedesmal ein Erlebnis. Wir trafen auf eine Elefantenfamilie, und sie fuhr buchstäblich mitten hinein, blieb stehen und erzählte, was die Elefanten gerade machen. Sie kannte jeden einzelnen. Nach all den Jahren sind wir heute Teil von Echos Familie, wir werden akzeptiert und was noch wichtiger ist: Die Elefanten vertrauen uns.«

Folgende Doppelseite: ***Solche intimen Bilder aus dem Familienleben der Elefanten gelingen nur jemand wie Cynthia Moss, die seit zwei Jahrzehnten mit den grauen Riesen des Amboseli-Nationalparks in Kenia zusammenlebt.***

Eine perfekte Partnerschaft: Cynthia Moss führte Martyn Colbeck in die Dynastie der Elefanten ein, und sie und wir alle sehen dafür die majestätischen Riesen wie nie zuvor in einem Bilderzauber von berückender Schönheit.

Doch meistens haben die Kameramänner kaum die Zeit und Gelegenheit, die Tiere und damit das Motiv genau kennenzulernen. In vielen Situationen sind sie allein auf ihre Erfahrung und ihre Intuition angewiesen. Gutes Einfühlungsvermögen ist vor allem bei gefährlichen Tieren entscheidend. Das trifft auf fast alles zu, was groß ist und unter Wasser lebt. Die legendären Riesenkraken waren einmal Hauptdarsteller in einem Film von Mark Deeble und Victoria Stone. Ziel Nummer eins war, so nahe wie nur möglich an den Kraken heranzukommen. »Der Krake war riesig, ich schätze, er war etwa fünf Meter lang«, erinnert sich Vicky Stone, »er kam auf mich zu und tastete mich mit seinen empfindlichen Saugnäpfen neugierig ab. Ich war niemals in Gefahr, selbst als der Krake zufällig den Lungenautomaten erwischte. Es war Neugierde, nicht Aggression.« In Extremsituationen überlebt nur, wer Nerven bewahrt und sich auf seine Erfahrung verläßt.

Tierfilmer leisten nicht selten Pionierarbeit. Kameramann Doug Allan schwamm als erster Mensch gemeinsam mit Seeleoparden im Meer. Diese Robben sind gefährliche Jäger, die auch große Tiere töten können. Mit Respekt und Intuition als einzige Verteidigung gelangen Doug Allan sensationelle Aufnahmen von jagenden Seeleoparden.

Mit ferngesteuerten Videokameras kann Peter Scoones (r.) vom Schlauchboot aus selbst gefährliche Haie filmen.

Haie sind schon schwerer zu durchschauen. Seit 300 Millionen Jahren sind sie die überragenden Jäger der Weltmeere. Hai-Kenner Mike de Gruy weiß, wie gefährlich sie sind. Er ist bereits einmal gebissen worden. Doch de Gruy ist nicht nur Filmer, sondern auch Biologe. Ihm gelangen sensationelle Aufnahmen von Tigerhaien, wie sie vor der Küste eines Vogelfelsens im Pazifik nach jungen Albatrossen jagten. De Gruy schwamm frei unter den Haien, bei diesem Nahrungsangebot war er nur ein Teil des Inventars. Wer über das Verhalten eines Tieres Bescheid weiß, kann sogar einen Hai ohne Gefahr filmen.

Nur für einen gilt diese Regel nicht, für den Meeresräuber, der seit Steven Spielbergs Kinoschocker durch unsere Alpträume schwimmt – den Großen Weißen Hai. Diese Kreatur besitzt unvorstellbare Kräfte und war der Hauptdarsteller eines millionenschweren Films von BBC und National Geographic. Unter anderem frißt der Weißhai leidenschaftlich gerne Seebären, vor allem vor der Küste Südafrikas. Wer soll ein derart gefährliches Tier bei der Jagd filmen? Zum Beispiel Peter Scoones. Einen jagenden Weißen Hai kann man nicht begleiten. Also benutzte Peter Scoones eine ferngesteuerte Videokamera für die Unterwasseraufnahmen.

Vorhergehende Doppelseite: ***Der ärgste Feind aller Skorpione ist die Sonne. Ein Westafrikanischer Kaiserskorpion, der mit 20 Zentimeter Körperlänge zu den größten Arten der Welt zählt, versucht, in einem Antilopenschädel einen schattigen Unterschlupf zu finden.***

auf lebenswichtige Organe übergreifen und Atem- und Herzstillstand verursachen. Der Tod ist die unmittelbare Folge.

Zwischen Abenddämmerung und Morgengrauen können in den Skorpionländern der Welt aber auch Menschen Opfer einer solch fatalen Stichverletzung werden, besonders wenn sie wie die Beduinen direkt auf dem Wüstenboden zelten. Die Wüstenbewohner kennen zwar traditionell die Risiken der Nacht, doch wenn am Lagerfeuer Tee fließt und spannende Geschichten die Runde machen, sind auch sie abgelenkt und vergessen für kurze Zeit die Gefahren. Rund zwei Dutzend Skorpionarten können dem Menschen gefährlich werden, doch der Gelbe Dickschwanzskorpion zählt zu den giftigsten überhaupt. Auf Begegnungen mit ihm sind 95 Prozent aller tödlich endenden Unfälle mit Skorpionen in Nordafrika zurückzuführen. Nach einem Stich ist rasches Aufschneiden und Ausbluten der Wunde eine keineswegs immer erfolgreiche Behandlungsmethode. Denn im Körper verbreitet sich die Hauptmenge des Giftes schnell. Als Symptome bei Skorpionstichen können Schweißausbruch und Schüttelfrost auftreten. In schweren Fällen kommt es auch zu Ohnmacht, Muskelkrämpfen oder unkontrolliertem Speichelfluß, ehe die Lungenfunktion versagt und der Herztod eintritt.

Wenn ein neuer Tag anbricht und die Landschaft in helles Licht taucht, findet der Skorpionspuk ein jähes Ende. Seit urdenklichen Zeiten ist die Sonne ihr größter Feind. Vampirgleich werden die Tiere zu hektischen Schattenjägern, die jetzt nur das Ziel haben, einen dunklen Unterschlupf zu finden. Der sengenden Sonnenglut zu entkommen, ist nicht immer leicht. Besonders in offenen Landschaften, wo weder Baum noch Strauch Schatten spenden, wird die Suche nach geeigneten Verstecken zur Überlebensfrage. Manche Skorpione können zwar

Ein Kaiserskorpion auf Beutefang – mit den Scheren hält er sein Opfer fest, um dann mit dem Stachel sein Gift zu injizieren.

Umgebungstemperaturen von über 60 Grad Celsius ertragen, jedoch nicht die Lichteinwirkung selbst: Direkte Bestrahlung ist für einige Arten bereits nach 30 Minuten tödlich, wenn sie ihre Suche nach Schatten nicht eher ans Ziel führt.

Doch 400 Millionen Jahre Evolution haben sie zu einfallsreichen Überlebenskünstlern gemacht, die in der Regel immer irgendwo unterkommen. Höhlenverstecke sind besonders begehrt, aber in ausweglosen Situationen kommt etwa Saharaskorpionen gelegentlich auch die menschliche Kultur zu Hilfe und schafft eine brauchbare Tagesbehausung. Selbst eine achtlos weggeworfene Sardinendose kann so Deckung und somit Schutz vor den Strahlen der Sonne verheißen.

Gegen Mittag verwandelt sich die Wüste in einen Glutkessel, wo alles Leben ausgelöscht scheint. Die Luft flirrt, Sand und Gestein haben sich dermaßen aufgeheizt, daß die bloße Berührung Verbrennungen verursacht. Zu dieser Tageszeit müssen Skorpione manchmal ihren Bau verlassen, weil auch im Inneren die Temperaturen unerträglich hoch steigen. Um Ersatz zu finden, ist Eile geboten, und so graben sie sich sofort ein neues Versteck als Übergangsquartier. Ihre acht Beine leisten dabei sehr gute Dienste: Zügig schleudern sie Sand aus der Mulde, während der gelenkige, schwanzähnliche Hinterleib als »Schubraupe« fungiert. Der Arbeitsaufwand ist beträchtlich, dennoch sind derartige Anstrengungen an der Tagesordnung. Es sind Verhaltensweisen, die zum angeborenen Überlebensprogramm der Tiere zählen und nicht erst speziell erlernt werden müssen.

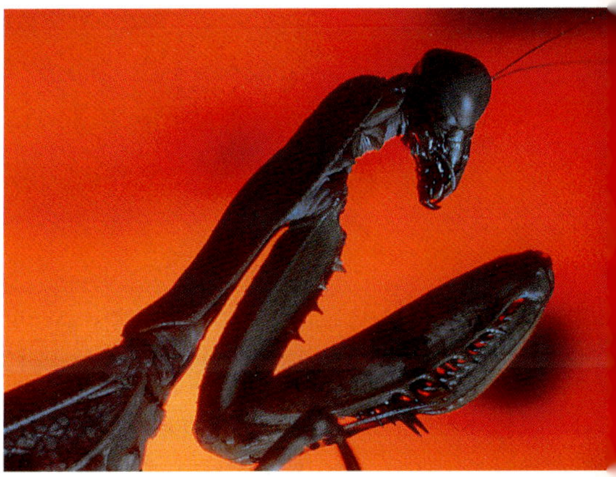

Auch Skorpione haben Feinde. Einmal in den Fangbeinen einer Gottesanbeterin eingeklemmt, nützt ihnen selbst ihr Giftstachel nichts mehr.

Skorpione sind nicht nur geschickte Jäger, sondern werden auch oft selbst zu Gejagten. Feinde haben sie jedenfalls genug – Fangschrecken etwa. Gottesanbeterinnen sind hervorragend getarnt, äußerst reaktionsschnell und verfügen über ein ausgezeichnetes Sehvermögen. Ihren riesigen Facettenaugen entgeht nicht das geringste – auch keine Skorpione, die bei Dämmerung ihre Höhlen verlassen, um selbst zu jagen. Einmal in den Fangbeinen eingeklemmt, nützen ihnen auch ihre Giftstachel nichts. Die kräftigen Mundwerkzeuge der Gottesanbeterin zermalmen selbst die hartschalige Panzerung eines Skorpions. Fangschrecken sind von Natur aus so programmiert, daß sie alles, was sie einmal überwältigt haben, nahezu restlos verzehren. Und das im Eiltempo: In wenigen Minuten kann eine zehn Zentimeter messende Gottesanbeterin ein Beutetier verschlingen, das halb so groß ist wie sie selbst.

Auch Steppenwarane finden Geschmack an Skorpionen. Diese robuste Echse siedelt in afrikanischen Trockenzonen nördlich und südlich des Äquators und erreicht die stattliche Länge von eineinhalb Metern. Dementsprechend groß ist der Nahrungsbedarf. Mit ihrem verhornten Kiefer zerquetschen die Warane selbst die giftigsten Skorpione der Welt problemlos. Als wechselwarme Reptilien sind Steppenwarane nur tagsüber aktiv, doch auch nachts haben Skorpione ausdauernde Feinde – Steppenigel zum Beispiel. Diese stacheligen Gesellen mit den langen

Fledermausohren sind gefräßige Räuber, die hauptsächlich wirbellosen Tieren nachstellen. Daß Skorpione in die Nähe von Igeln geraten, ist in den Kernländern ihres Vorkommens keineswegs ein seltener Zufall. Denn die meisten Skorpionarten kommen relativ zahlreich vor.

Als typischen Kleintierjägern ist es Steppenigeln eigen, rasch zu reagieren, denn fast immer ist ihre Nahrung schnellflüchtig. Sie sind zwar angestammte Insektenfresser, dennoch nehmen sie es nicht so genau: Leben die Tiere in einer Region, wo Skorpione überwiegen, halten sie sich einfach an diese nicht ganz ungefährliche Nahrungsquelle. Sie haben zwar eine gewisse Resistenz gegenüber Skorpiongiften, dennoch bleibt Vorsicht oberstes Gebot, um nicht mit dem Stachel Bekanntschaft zu machen.

Freßfeinde wie Steppenwarane und Steppenigel sind aber nur einige unter vielen Gefahren, denen Skorpione Nacht für Nacht ausgesetzt sind. Oftmals werden sie sogar Opfer ihres eigenen Jagdverhaltens. Denn es ist nichts Außergewöhnliches, daß sich Artgenossen gegenseitig zur Strecke bringen, unter vielen Skorpionarten ist Kannibalismus verbreitet. Die eigene Verwandtschaft als Futterquelle zu betrachten, ist bei zahlreichen Tierarten die Regel. Dennoch fallen Skorpione nicht ständig übereinander her. Tagsüber ruhen sie oft zu mehreren friedlich in ihren Verstecken. Nur nachts werden sie zu einzelgängerischen Räubern, die auch vor ihresgleichen nicht Halt machen. Bei der Erbeutung eines Artgenossen spielen die Körpermaße eine untergeordnete Rolle. Es kann durchaus vorkommen, daß ein größeres Exemplar einem kleineren unterliegt.

Letztendlich ist Kannibalismus nur ein Weg unter vielen, der die Bestände in ausgewogenen Grenzen hält. Denn Skorpione müssen seit jeher mit regulierenden Faktoren in den Naturräumen leben und auch sterben. Und manchmal kündigen sich auch großräumige Katastrophen an. Ein Wüstengewitter ist zwar ein seltenes Schauspiel – oftmals fällt nach vielen Monaten oder gar Jahren der Dürre erstmals wieder Regen in der Wüste –, aber wenn wolkenbruchartige Schauer die ausgetrockneten Wadis füllen, sind Skorpione dem Untergang geweiht. Sie sind gänzlich schwimmunfähig.

So stehen Skorpione nicht immer auf der Seite der Gewinner. Doch in der Natur gelten seit Anbeginn der Evolution Einzelschicksale wenig. Alles unterliegt dem ständigen Wandel von Werden und Vergehen. Gebiete, aus denen Skorpione völlig verschwunden waren, können mitunter in kürzester Zeit neu besiedelt werden. Denn die Tiere gleichen Verluste durch relativ hohe Nachkommenschaft aus. So bedrohlich diese Kreaturen auch wirken mögen, ihre Brutpflege ist äußert fürsorglich: Die winzigen Jungen sind völlig hilflos und bedürfen dem Schutz der Mutter, auf deren Rücken sie Zuflucht suchen.

Selbst die Giftigsten der Giftigen, die Dickschwanzskorpione, legen ein ungewohnt sanftes Verhalten an den Tag, wenn es um Fortpflanzung und Liebeswerben geht. Treffen Männchen und Weibchen aufeinander, wird sie von ihm an den Scheren gepackt, und sogleich beginnt unter den Tieren eine Art Tauziehen, das auch als »Tanz der Skorpione« bekannt ist. Zwischendurch berühren sich die Partner immer wieder kußähnlich und tauschen spezifische

Ein Gelber Dickschwanzskorpion mit Nachwuchs – den ersten Abschnitt ihres Lebens verbringen die verletzlichen Jungen auf dem Rücken des Muttertieres.

Duftstoffe und Körpersignale aus. Dieses komplizierte Paarungsvorspiel kann mehrere Stunden, aber auch eine ganze Nacht lang dauern.

Irgendwann jedoch kommen die Skorpione zur Ruhe und verharren reglos. Dann setzt das Männchen eine sogenannte »Spermatophore«, einen Samenbehälter, ab, der nur wenige Millimeter mißt. Anschließend versucht es, das Weibchen so zu dirigieren, daß dieses genau über diesem unscheinbaren Gebilde zu sitzen kommt. Binnen weniger Sekunden nimmt das Muttertier das Samenpaket in seine Geschlechtsöffnung auf. Danach trennen sich die Partner. Je nach Art dauert es bis zu 15 Monate, ehe die Jungen geboren sind – oftmals 100 an der Zahl. Manche haben auch bedeutend weniger Nachwuchs, doch alle Skorpione sind lebendgebärend: Die Jungen entschlüpfen dem Geburtsorgan an der Körperunterseite.

Kurz nachdem sie den Mutterleib verlassen haben, krabbeln sie auf den Rücken des Muttertieres. Noch ist ihre Panzerung hell und weich und äußerst verletzlich. Doch sie genießen den Schutz des Muttertieres, auf dem sie, huckepack reitend, alle Wanderungen mitmachen. Nach ungefähr drei Wochen endet die Fürsorge der Mutter. Und obwohl sie sich nicht weiter um das Schicksal der nur fünf Millimeter kleinen Jungen kümmert, bekommen sie ein großes Erbe mit auf den Weg: 400 Millionen Jahre Erfahrung im Überlebenskampf als lichtscheue Schattenjäger.

DIE SCHATTENJÄGER

Eine Produktion der Power of Earth Productions im Auftrag von ZDF und ZDF Enterprises

in Zusammenarbeit mit dem ORF

Buch und Regie: Kurt Mündl

zu fürchten. Wußten die Tiere vielleicht mehr als wir? Fühlten sie irgend etwas, daß ihnen eine schlimme Zukunft voraussagte?«

Am 1. Juni begann die Erde zu beben – mit Unterbrechungen zwar, aber immer wieder. 110 Kilometer vom Vulkan entfernt, auf Kodiak Island, bereiteten sich 500 Einwohner auf die frühjährliche Lachssaison vor. Am 6. Juni, um ein Uhr nachmittags, erwachte der Feuerberg und brach in einer gewaltigen Explosion aus. Langsam begann sich der Himmel in allen Richtungen zu verdunkeln. Ein paar Dutzend Meilen vor der Küste erlebten die Matrosen des Postschiffes »Dora« mit blankem Entsetzen, wie – von einem Moment zum anderen – der Tag zur Nacht wurde: »Um halb fünf Uhr nachmittags begann der Aschenregen. Und ein paar Minuten später fanden wir uns in völliger Dunkelheit wieder. Nicht einmal das Wasser um das Schiff herum konnten wir erkennen. Fortwährend tanzten gespenstische Blitze um das Schiff, und ein steter Donner, der manchmal mit dem Aufleuchten der Blitze zusammenfiel, verstärkte den Schrecken des Infernos, das rund um uns wütete. Viele von uns sprachen von der Zerstörung Pompeijs durch den Vesuv. Das schwache Licht der elektrischen Lampen und Laternen konnte die furchtbare Finsternis nicht vertreiben.«

Auf Kodiak Island stürmten Hunderte Menschen in Panik das größte Schiff im Hafen. Ihre Hoffnung, der Katastrophe über das Meer zu entfliehen, wurde bitter enttäuscht. Das überfüllte Schiff strandete, vor Anker liegend, in der undurchdringlichen Dunkelheit und war unfähig, sich zu bewegen. Tage vergingen, und noch immer regnete es Asche in sintflutartigen Dimensionen. »Meine liebe Frau Tanja«, schrieb ein junger russischer Matrose nach Hause. »Ein Berg

in unserer Nähe ist explodiert, und wir stehen in Asche, die an manchen Plätzen zwei Meter, drei Meter tief ist. Tag und Nacht müssen wir die Lampen anzünden. Wir können das Tageslicht nicht sehen. Uns umgibt die Finsternis der Hölle, Donner und Getöse, und wir erwarten den Tod jeden Augenblick. Gott ist barmherzig! Bete für uns! Dein Ehemann Iwan Orloff.«

Am 9. Juni, nach drei Tagen totaler Dunkelheit, ging schließlich die Sonne wieder auf. Als die Einwohner Kodiaks vom Schiff zu ihren Häusern zurückkehrten, fanden sie die Insel völlig verwandelt vor. Alles lag unter eine Decke aus Vulkanasche begraben, die an manchen Stellen zwei Meter dick war. Jegliches Leben schien ausgelöscht zu sein, die Landschaft so öde wie der Mond. Erst nach und nach begann ihnen zu dämmern, daß sie etwas wahrhaft Außergewöhnliches überlebt hatten – einen der größten Vulkanausbrüche seit Menschengedenken.

Jahre später sollten Wissenschaftler die Wucht und die Auswirkungen der Explosion berechnen, deren Zentrum im Tal am Fuß des Mount Katmai lag. Die Aschenwolke, die Kodiak einhüllte, war so groß, daß sie schließlich die gesamte nördliche Hemisphäre bedeckte. Wäre Wien der Schauplatz einer ähnlichen Explosion, würde Graz in 30 Zentimetern Asche versinken, und die Stadt wäre 60 Stunden lang in völlige Dunkelheit getaucht. Einwohner von London würden die Explosion deutlich hören können. In Kairo würde vulkanischer Staub Messing anlaufen lassen und saurer Regen die Kleidung zersetzen. Wien, der Schauplatz der Explosion, wäre von der Landkarte buchstäblich ausradiert ...

Angesichts der Auswirkungen der Katmai-Eruption beschäftigte die Überlebenden der Katastrophe vor allem eine Frage: Wie würde der Aschenregen das Leben in der Region beeinträch-

Das Tal der 10.000 Dämpfe vor 80 Jahren und heute – die vulkanischen Wunder, die dem Yellowstone National Park Konkurrenz machen sollten, sind längst Vergangenheit. Geblieben sind nur die mächtigen Aschenlagen am Talboden.

tigen? Würde die einst üppige Vegetation wieder zurückkehren – und mit ihr die Vögel, die Lachse und die Bären? Diese Fragen waren auch drei Jahre später noch nicht beantwortet, als eine von der National Geographic Society gesponserte Expedition auf Kodiak eintraf. Angeführt wurde sie von einem jungen Botaniker namens Robert Griggs.

Griggs wollte herausfinden, wie verschiedene Lebensformen sich an die dramatischen Veränderungen im Wasser und im Boden anpaßten. Doch statt der verwüsteten Mondlandschaft, die er erwartet hatte, fand er eine Insel, die von Leben überquoll. »Alle stimmten wir darin überein«, notierte er damals in seinem Tagebuch, »daß die Eruption das beste war, das Kodiak jemals passieren konnte. Um es in den Worten unseres Hotelwirtes zu sagen: ›Niemals zuvor haben wir solches Gras gekannt, nie wuchs es so hoch, nie sproß es so zeitig im Jahr. Vor der Asche hätte niemand je geglaubt, daß das Land so viele und so große Beeren hervorbringen könnte.‹« Griggs analysierte die Asche, fand aber überhaupt keine Nährstoffe darin. Stattdessen schien sie wie eine herbstliche Laubdecke zu wirken. Sie durchlüftete den Boden, aber unterdrückte das Wachstum von Unkraut, sodaß die beerentragenden Pflanzen wunderbar gedeihen konnten.

Doch die Stadt Kodiak lag 160 Kilometer südöstlich des Katmai-Tales, dem Zentrum der Eruption. Niemand hatte das Festland besucht, wo der Aschenregen am heftigsten niedergegangen war. Griggs nahm ein Boot und überquerte die Shelikof Strait, um dort mit eigenen Augen die Auswirkungen des Vulkanausbruchs zu untersuchen. Und hier entlang der Küste fand er sich in einer Todeszone wieder. Das Gras war verschwunden, die meisten Bäume abgestorben. In den Flüssen gab es einige wenige kleine Fische, aber keine Lachse. Griggs sah ein paar Bärenspuren, aber nie die Tiere selbst. Dabei befand er sich erst an der Küste. Niemand wußte, wie sich die Natur weiter landeinwärts präsentieren würde – jenseits der Berge, die das Tal bewachten, in dem der Ausbruch stattgefunden hatte. Das Zentrum der Eruption war noch immer ein Geheimnis – eines, so beschloß Griggs, das er lüften mußte. Im Spätsommer 1915 versuchte Griggs, weiter ins Landesinnere vorzudringen, um auszukundschaften, ob er den Mount Katmai erreichen könnte. Doch das Terrain war durch die enormen Aschenmassen so schwer passierbar, daß er zur Umkehr gezwungen wurde. Zurück auf Kodiak, war er sich nur einer Sache wirklich sicher – daß die Katmai-Eruption einer der größten Vulkanausbrüche in der Geschichte der Menschheit gewesen sein mußte.

Vulkanische Eruptionen können verschiedene spektakuläre Formen annehmen. Bei Lavaströmen, die extrem heißes Magma aufnehmen, das direkt aus dem Erdinneren an die Oberfläche steigt, werden aufgestaute Energien nach und nach freigesetzt – etwa bei den berühmten Vulkanen Hawaiis. Doch manchmal macht sich die Erde in einer einzigen gewaltigen Explosion Luft. Diese Eruptionen sind viel weniger schön anzusehen, dafür aber umso gefährlicher.

18. Mai 1980: Im US-Bundestaat Washington explodiert der Mount Saint Helens. Die gesamte Nordflanke des Vulkans rutscht ab, ein 300 Grad Celsius heißer Dampfstrom aus Gesteinstrümmern, Gas und Asche rast mit bis zu 400 Kilometern pro Stunde über das Land und

macht 500 Quadratkilometer dicht bewaldetes Bergland dem Erdboden gleich. 61 Menschen kommen ums Leben.

15. Juni 1991: Auf den Philippinen bricht der Pinatubo in einer gewaltigen Explosion aus. Während der nächsten Wochen gehen zwei Milliarden Tonnen Asche und Bimsstein über dem südostasiatischen Inselstaat nieder. Fast 900 Menschenleben sind zu beklagen.

Die Katmai-Eruption war viermal so mächtig wie der Ausbruch des Pinatubo, und hundertmal stärker als die Explosion des Mount Saint Helens. Und dennoch war es auch vier Jahre, nachdem der Katmai explodiert war, niemandem gelungen, über das abweisende Terrain das Zentrum der Eruption zu erreichen.

Robert Griggs sollte der erste sein. Im Frühjahr 1916 organisierte er eine zweite Expedition. Wieder kämpften sich seine Männer auf ihrem Weg landeinwärts durch eine trostlose Mondlandschaft. Sie gingen auf Pfaden, die es nicht mehr gab, und überquerten Flüsse, die auf keiner Landkarte eingezeichnet waren. Am 19. Juli standen sie am Fuß des Mount Katmai und begannen den langen, gefährlichen Aufstieg zum Gipfel. Auf 1.700 Meter Seehöhe erreichten sie den Krater und sahen erstmals über seinen Rand in die Tiefe. »Der ganze Krater lag vor uns«, schrieb Griggs in seinem Expeditionsbericht, »er war von immenser Größe und schien unendlich tief zu sein. Etwa bis zur Hälfte füllte ihn ein wunderbarer blaugrüner See aus Vitriol – mit den sichelförmigen Überresten eines Aschenkegels nahe seiner Mitte.«

Beim Ausbruch des Pinatubo 1991 kamen 900 Menschen ums Leben. Die Katmai-Eruption 1912 war viermal so heftig.

Das nun war das Zentrum der Katmai-Eruption – zumindest in Griggs' Augen. Verglichen mit seiner einstigen Gestalt, notierte Griggs, war der Berg »nur mehr ein Stumpf«. Er schätzte, daß der Vulkan, bevor er im Frühling 1912 explodierte, rund 600 Meter höher gewesen war. Nachdem er das Ziel seiner Mission augenscheinlich erreicht hatte, bereitete sich Griggs auf den Rückweg nach Kodiak vor, als er in einiger Entfernung Rauchschwaden aufsteigen sah. Nach einem weiteren Tag mühseligen Marschierens schien seine Expedition der Quelle der Dämpfe nicht näher gekommen zu sein, und Griggs war bereit, umzukehren. Er entschied, noch einen letzten Hügel zu besteigen. Als er den Gipfel erreichte, war er wie vom Donner gerührt angesichts des seltsamen Panoramas, das sich vor ihm ausbreitete: »Ich werde nie die Erregung vergessen, die in mir aufstieg, als ich auf dem Hügel stand und in das Tal zu meinen Füßen blickte. Denn so weit mein Auge reichte, sah ich Hunderte, nein Tausende kleine Vulkane. Und so klein waren sie auch nicht. Viele von ihnen entließen Säulen aus heißem Dampf, die eine Höhe von 300 Metern erreichten, bevor sie sich auflösten. Es war, als wären hier alle Dampfmaschinen dieser Welt versammelt und hätten gleichzeitig ihr Überdruckventil geöffnet, um überschüssigen Dampf in einem rauchenden und zischenden Konzert abzugeben.«

In den nächsten Jahren kehrte Griggs immer wieder in dieses Tal zurück – in Begleitung von Botanikern und Chemikern, Geologen und Fotografen. Keiner von ihnen hatte nur annähernd

Vergleichbares gesehen. Das Tal der 10.000 Dämpfe war einzigartig. »Als ich das Tal betrat, erlebte ich dasselbe Hochgefühl, daß wohl auch jener Mann gehabt haben muß, der, als er zum erstenmal eine Giraffe sah, ausrief: ›Nein, ein solches Tier gibt es nicht!‹ Myriaden von Dampfsäulen, die aus dem Boden dieses weiten verwüsteten Tales stiegen, erinnerten mich lebhaft an die Abenteuer Sindbad des Seefahrers aus ›Tausendundeiner Nacht‹. Alles war so unwirklich. Mehrere Male brachen wir mit den Füßen durch die dünne Kruste. Dann stob Dampf aus dem Loch und formte einen neuen Fumarolen. Doch es war zum Glück immer nur ein Fuß, und der Besitzer beeilte sich, ihn wieder aus dem Loch herauszuziehen. Das Tal schien alle Dimensionen zu sprengen. Unsere Zelte wirkten zwischen den gähnenden Erdspalten und den brüllenden Vulkanschloten völlig unbedeutend. Ich war mehr und mehr beeindruckt von den titanischen Kräften, die hier am Werk waren. Ich fühlte mich völlig fehl am Platz – wie ein Eindringling in diesem Land der Götter.«

Brennholz gab es natürlich keines im Tal. Also kochten Robert Griggs und die Mitglieder seiner Expedition ihre Mahlzeiten im heißen Dampf der Fumarole.

Doch das Land der Götter hatte auch seine höllischen Seiten. Aus den dampfenden Fumarolen strömte ständig schwefeliger Gestank, und die Temperaturen in ihrem Inneren waren zu heiß, um sie zu messen. Die säurehaltigen Dämpfe verätzten Zelte und Kleidung, und die Forscher lebten ständig in der Angst, nach einem falschen Schritt bei lebendigem Leib gekocht zu werden. Doch zumindest das Kochen ging im Tal der 10.000 Dämpfe sehr leicht und amüsant von der Hand, vermerkte Robert Griggs in seinem Tagebuch: »Während wir nach einem sicheren Standort suchten, um die Pfanne über einen Geysir zu halten, versuchten wir, sie direkt in die Erdspalte einzuführen. Doch kaum war die Bratpfanne in dem Loch verschwunden, flog uns der Speck um die Ohren. In alle Richtungen wirbelte er durch die Luft und wurde von den wartenden Zuschauern eingefangen und verzehrt. Sie johlten vor Vergnügen über diese plötzliche Wendung der Dinge, und wir wiederholten die Übung immer und immer wieder, bis wir schließlich zu müde waren, um den fliegenden Speckstücken nachzujagen.«

Seine vielen Reisen in die Katmai-Region überzeugten Griggs, daß sich das gesamte Tal gerade zu einem riesigen Geysir-Feld entwickelte. 1918 überredete er US-Präsident Woodrow Wilson, das Tal als nationales Naturdenkmal unter Schutz zu stellen. Griggs' Überzeugung nach würde das Tal der 10.000 Dämpfe einst dem Yellowstone-Nationalpark als Touristenattraktion Konkurrenz machen. Doch wie sich später herausstellen sollte, war Griggs' Prognose falsch – falsch wie viele seiner Vermutungen über das Tal der 10.000 Dämpfe.

Rechte Seite: ***Der Kratersee des Mount Katmai heute – als Robert Griggs ihn erstmals sah, füllte ihn ein »wunderbarer blaugrüner See aus Vitriol«.***

Heute besucht während der langen Tage des Sommers lediglich eine Handvoll Touristen den Talboden. Die Luft ist rein, die Rauchwolken haben sich längst aufgelöst. Die 10.000 Dämpfe sind Vergangenheit. Alles, was heute noch von der einstigen Katastrophe zeugt, ist eine bis zu 150 Meter mächtige Aschendecke, die fast 100 Quadratkilometer überzieht. Über 80 Jahre Schnee und Regen haben die Aschenlandschaft modelliert, haben ihr weiche Konturen verliehen

und ein Labyrinth aus Canyons und Rinnen, Schluchten und Senken gegraben. Das Terrain wirkt so fremdartig, daß Amerikas Astronauten hierher kamen, um für die erste Mondlandung zu trainieren.

Eine von Griggs' Fehleinschätzungen war zu glauben, daß die Dämpfe, die er sah, aus einer riesigen Magmakammer unterhalb des Talbodens stammen würden. Es ist eine Ironie des Schicksals, daß er mit »Tal der 10.000 Dämpfe« gar nicht so falsch lag, obwohl er den Namen aufgrund einer falschen Annahme gewählt hatte. Denn was da durch zahllose Schlote an die Oberfläche stieg, war nicht der Rauch eines vulkanischen Feuers, sondern Wasserdampf. Was war wirklich geschehen? Die heiße Asche hatte das gesamte Tal aufgefüllt. Das Wasser seiner Flüsse wurde unter der Aschendecke eingeschlossen und schoß als superheißer Dampf durch die Schlote wieder ans Tageslicht. Doch die hohen Temperaturen innerhalb der Aschenlagen waren nur ein vorübergehendes Phänomen. Als sich die Asche abkühlte, verschwand auch das dampfende Naturschauspiel, das die ersten Entdecker begrüßt hatte.

Doch etwas viel Wichtigeres als Rauch und Dampf begann langsam wieder im Tal aufzutauchen. Heute trifft man hie und da erneut auf Zeichen von Leben. Tatsächlich erlebt die ursprüngliche Vegetation des Tales so etwas wie ein kleines Comeback. Mit der Zeit hat sich auf der Asche eine dünne Humusschicht gebildet, die es manchen Blumen erlaubt hat, in das Tal zurückzukehren. Und in der kargen Umgebung, in der sie heute gedeihen, scheinen ihre Blüten noch prächtigere Farben zu tragen. Doch während es fortfährt, seinen Aschenmantel abzuschütteln, ist das Tal der 10.000 Dämpfe reif für einen neuen Ausbruch irgendwann in der Zukunft. Denn Hunderte Meter unter der Oberfläche tickt eine geologische Zeitbombe.

Etwa zehn Kilometer vom Mount Katmai entfernt liegt ein seltsames dunkles Gebilde, das größtenteils aus vulkanischem Glas besteht. Ein Mitglied von Griggs' Team nannte den Vulkanschlot »Novarupta«. Griggs selbst glaubte, Novarupta sei der Schauplatz einer großen Sekundäreruption gewesen. Doch wieder war Griggs' Annahme falsch. Weitere 30 Jahre vergingen, bis die Wissenschaft erklären konnte, was sich an diesem Frühlingsnachmittag 1912 tatsächlich zugetragen hatte. Der Vulkanologe John Eichelberger studiert Novarupta seit mehr als sechs Jahren. Er versteht sehr gut, warum Griggs glaubte, daß der Mount Katmai die Hauptquelle der Eruption war. Schließlich ist der ganze Gipfel des riesigen Berges verschwunden. Heute, mehr als 80 Jahre später, wissen Männer wie Eichelberger viel mehr über die Phänomene des Vulkanismus, und es stehen ihnen auch viel bessere Techniken zur Verfügung, um Vulkane zu studieren, als zu Griggs' Zeiten.

1953 entdeckten Wissenschaftler ein eigenartiges Phänomen: Die Aschendecke um Novarupta war viel dicker als um den Mount Katmai. Und überdies stellte sich heraus, daß die beiden miteinander verbunden waren – über eine riesige unterirdische Magmakammer. War vielleicht aus diesem Schlot, aus Novarupta, und nicht aus dem Mount Katmai, eine Aschensäule fast 30 Kilometer hoch in den Himmel gestiegen? Nachfolgende Untersuchungen sollten diese Theorie bestätigen. »Die Menge an Material, die aus diesem Schlot geschleudert wurde, ist wirklich phänomenal«, erklärt Eichelberger, »25 Kubikkilometer, also das Volumen von 25 Würfeln mit einem Kilometer Seitenlänge, kamen aus diesem Loch. Das ist wirklich eine ganze Menge Material. Diese Aschenwolke wirkte wie eine enorme Düsenturbine. Sie strömte aus dem Zentrum von ›Novarupta‹ und machte das Loch immer größer und größer. Am Ende der Vulkantätigkeit stieg schließlich Lava im Zentrum des Kraters auf und bildete einen kleinen Lavadom in seiner Mitte.«

Daß Griggs und viele andere den Mount Katmai für die Quelle der Eruption hielten, ist verständlich. Denn der Katmai *war* die Quelle der Eruption – wenn auch über einen Umweg: Vulkanausbrüche nehmen tief im Erdmantel ihren Anfang, wo die riesigen tektonischen Platten, aus denen die Erdkruste besteht, langsam auseinanderdriften und kollidieren. Die Katmai-Region sitzt genau über einer solchen Stelle. In einem fortwährenden Prozeß, den Geologen »Subduktion« nennen, zwingt die Kollision der beiden Platten die eine unter die andere. Dabei entsteht genug Hitze, um Gestein zu schmelzen, und genug Energie, um Erdbeben auszulösen. Schließlich sammelt sich das geschmolzene Gestein zu Magma, steigt auf und bildet Vulkane. Unter ihren Gipfeln sitzen Magmakammern, deren aufgestaute Energien sich entweder nach und nach entladen oder mit einem einzigen Schlag. Am 6. Juni 1912 fanden die Magmamassen eine Schwachstelle im Talboden und brachen explosionsartig an die Oberfläche. Dadurch entleerte sich die Magmakammer unterhalb des Mount Katmai. Der so entstandene Hohlraum führte zum Einsturz des Gipfels. Erst dieses Ereignis gab dem Mount Katmai das Aussehen eines explodierten Vulkans.

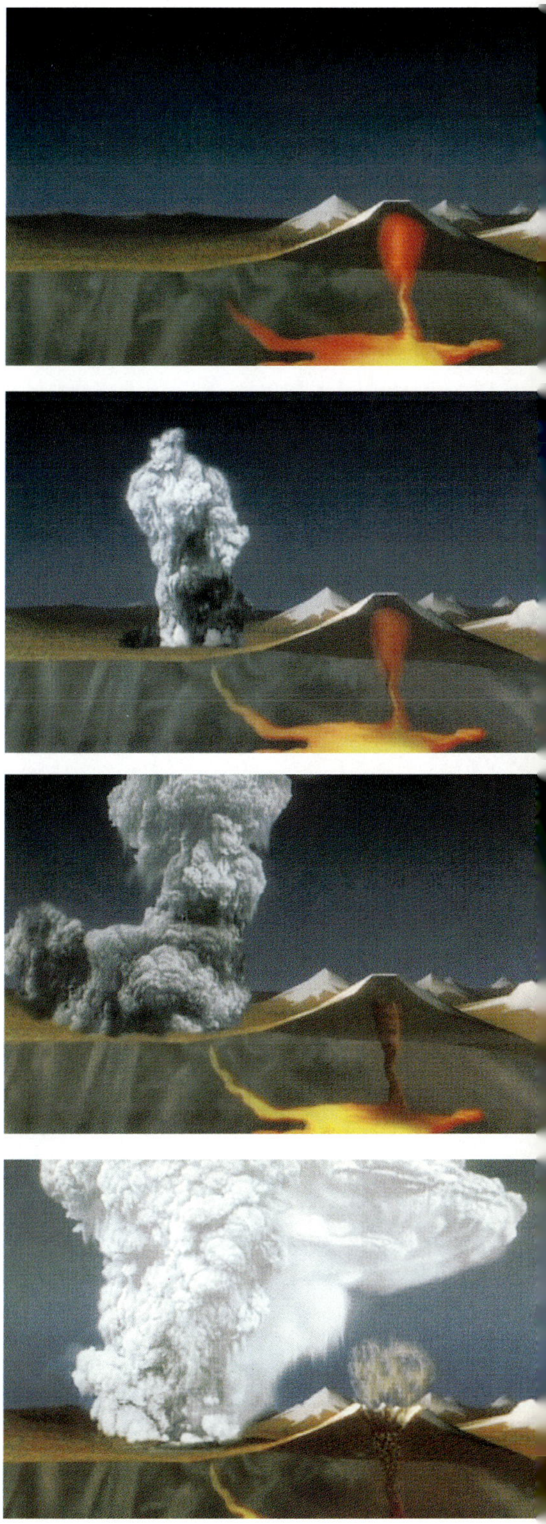

Robert Griggs, der Entdecker des Tals der 10.000 Dämpfe, war fest davon überzeugt, daß der Mount Katmai das Tal zu seinen Füßen mit 25 Kubikkilometer Asche verwüstet hatte. Jahrzehnte später widerlegte die Wissenschaft die Theorie von Griggs und bewies, was sich am 6. Juni 1912 tatsächlich abgespielt hat. Der größte Vulkanausbruch dieses Jahrhunderts war eine Katastrophe auf Umwegen: Die Magmamassen, die sich unter dem Mount Katmai gesammelt hatten, drangen nicht aus dem Gipfel des Vulkans, sondern fanden eine Schwachstelle im Talboden und brachen durch diesen neu entstandenen Vulkanschlot, der später »Novarupta« genannt wurde, explosionsartig an die Oberfläche. Dadurch entleerte sich die Magmakammer unterhalb des Mount Katmai. Der so entstandene Hohlraum führte zum Einsturz des Gipfels und gab dem Mount Katmai das Aussehen eines explodierten Vulkans.

Doch der Schlot von Novarupta stürzte nicht ein. Und genau das macht ihn so besonders. Für John Eichelberger gibt es drei Gründe, die Novarupta zu einem sehr wichtigen Vulkan machen. Zum einen ist er sehr jung, er ist noch immer sehr heiß. Zum anderen war er der Schauplatz der größten Eruption dieses Jahrhunderts. Novarupta ist eine seltene Formation – ein perfekt erhaltener Vulkanschlot. Er ist außerdem der jüngste Lavadom der Welt, der aus Rhyolith, einem feinkörnigen vulkanischen Gestein, besteht. »Rhyolithische Magma«, erklärt John Eichelberger, »enthält wahrscheinlich mehr Wasser als jede andere, und daher ist sie auch am explosivsten. Sie kann in unvorstellbaren Explosionen ausbrechen – wie damals, als die 160 Kilometer entfernte Insel Kodiak unter 30 Zentimetern Asche begraben wurde. Doch sie kann auch einfach friedlich als Lava austreten. Das ist für mich eines der faszinierendsten Probleme der Vulkanologie – eben wie sich Vulkane benehmen. Dasselbe Magma kann einmal friedlich ausströmen und ein andermal mit größerer Wucht ausbrechen als die größte Atombombe, die je gebaut wurde.«

Noch heute überzieht der Großteil der 25 Kubikkilometer Asche, die Novarupta ausspie, das Tal der 10.000 Dämpfe. Und niemand weiß, wie lange es noch dauert, bis sie sich endgültig verflüchtigt haben wird. Doch nach und nach wird die Asche von den Flüssen aus dem Tal getragen, die sich den vielen Seen der Region und schließlich dem Pazifischen Ozean entgegenschlängeln. Auch wenn das Tal selbst noch immer großteils Ödland ist, hat sich seine unmittelbare Umgebung seit den Tagen, als Griggs erstmals hierherkam, auf wunderbare Weise erholt. Die Selbstheilungskraft dieses Landes ist mehr als erstaunlich. Noch heute kann man es kaum glauben, daß das Tal nach der Eruption so trostlos war wie der Mond. Alles lag unter Vulkanasche begraben, und nichts konnte mehr wachsen. Es gab keine Nahrung für die Tiere, und so verließen sie das Tal. Als die Vegetation wieder Fuß zu fassen begann, kehrten auch die Tiere zurück.

Vor allem ein Geschöpf hat seine frühere Vormachtstellung wieder eingenommen. Heute gibt es im Katmai-Nationalpark mehr Braunbären als irgendwo sonst auf der Erde. Die Bären des Katmai gehören auch zu den größten der Welt. Hier in der Umgebung nennt man sie »Brownies«, doch natürlich sind es Grizzlies. Sie finden hier Nahrung im Überfluß, und daher werden sie größer als etwa die Bären im Yellowstone-Nationalpark. Grizzlies sind wie die meisten Großbären Allesfresser, im Frühjahr ernähren sie sich aber hauptsächlich vegetarisch. Die üppigen Graslandschaften des Katmai-Parks bieten ihnen Grünfutter in Hülle und Fülle. Daß sich die Bärenpopulation so gut erholen konnte, dafür ist eine andere Tierart verantwortlich, die sich ebenfalls seit 1912 regenerieren konnte – die Lachse.

Vorhergehende Doppelseite: ***Das Tal der 10.000 Dämpfe am Fuß des Mount Katolinat – hier hat sich der Ukak River bis zu 30 Meter tief in die erodierte Vulkanasche geschnitten, die im oberen Talbereich bis zu 150 Meter mächtig ist.***

Im Hochsommer setzt in Alaska der Zug der Blaurückenlachse ein. Die meisten Lachse sind fünf Jahre alt und schwimmen flußaufwärts in jene Gewässer zurück, in denen sie geboren wurden. Selbst in den besten Jahren ist der Zug der Lachse für die Fische eine mühselige Reise. In der Zeit nach der Eruption erstickten Aschen- und Gesteinsmassen alles Leben in den Flüssen. Dennoch – irgendwie schafften es die Lachse zu überleben. Und mit ihnen auch die Bären:

Heute gibt es im Katmai-Nationalpark mehr Braunbären als irgendwo sonst auf der Erde. Durch das reiche Nahrungsangebot zählen die Grizzlies des Parks auch zu den größten Bären der Welt.

Ab dem Frühsommer decken die Grizzlies den überwiegenden Teil ihres Nahrungsbedarfs mit Lachsen. Bis zum Herbst fressen sie sich eine dicke Speckschicht an, von der sie während des Winters zehren werden.

Wenn die Lachse fast am Ende ihrer fünfjährigen Odyssee angelangt sind, verwandelt sich plötzlich auf wundersame Weise ihre Gestalt. Zuerst wechseln sie die Farbe ihres Schuppenkleids – von einem silbrigen Grün in ein schillerndes Rot. In diesem Abschnitt ihrer Wanderung haben sie die Nahrungsaufnahme bereits völlig eingestellt, und die Metamorphose beschleunigt sich. Bald erscheint auf ihrem Rücken ein markanter Buckel. Ihre Zähne verlängern sich, der Kiefer krümmt sich nach oben. Nun fressen die Fische sogar ihre eigene Haut, während sich ihre Körper buchstäblich zersetzen. In Hunderten Seen sammeln sich die Lachse für den letzten und wichtigsten Akt ihres Lebens. Die Weibchen fächeln mit der Schwanzflosse eine kleine Grube in das Schotterbett. Dann werden Eier und Samen gleichzeitig freigesetzt. Von den etwa 3.000 Eiern, die jedes Weibchen ablaicht, werden nur vier oder fünf zu geschlechtsreifen Lachsen heranwachsen, und noch weniger Fische werden wieder hierher

Bei Stromschnellen warten die Grizzlies auf die Lachse, die ihnen buchstäblich ins Maul springen.

zurückkehren, um selbst für Nachwuchs zu sorgen. Doch die Lachse sind so zahlreich, daß sie diesen Aderlaß ohne weiteres verkraften. Und während im Rogen am Flußbett neues Leben keimt, bleibt der Elterngeneration nur mehr eines zu tun – sterben.

Im Schatten der schlafenden Vulkane hat sich das Leben wieder normalisiert. Doch in den vergangenen Jahren hat sich die seismische Aktivität im Tal der 10.000 Dämpfe erneut erhöht.

Um seine Vulkane zu studieren und die Mondlandschaft, die sie erschaffen haben, wurde der Katmai-Nationalpark ursprünglich gegründet. Heute gibt es keine rauchenden Schlote mehr, sondern wieder ein Paradies für Alaskas Tierwelt. Doch die Feuerberge schlafen nur, von einem Augenblick zum anderen können sie wieder alles Leben vernichten. »Wir halten«, meint Vulkanologe Eichelberger, »aktive Vulkane gerne für ein Phänomen der Urzeit, als die Dinosaurier die Erde regierten. Doch die Feuerberge sind heute ebenso gewalttätig wie zu Lebzeiten der ›schrecklichen Echsen‹. Unser blauer Planet ist ein sehr dynamischer Ort, es wird wieder mehr mächtige Eruptionen geben. In geologischen Dimensionen gemessen, haben wir erst gestern den letzten großen Ausbruch erlebt, doch vielleicht stehen wir schon morgen vor einem noch größeren.«

Denn eines ist sicher: Der Mount Katmai wird wieder Feuer speien und Asche spucken. Heute noch ist es trügerisch ruhig im Tal. Auf eine Jahreszeit folgt die nächste, so wie es seit Men-

Lachse beim letzten Akt ihres Lebens: Das Weibchen legt die Eier in den Kies, das Männchen (l.) schwimmt darüber und befruchtet den Laich mit seinem Samen. Danach sterben die Fische.

Noch heute überzieht der Großteil der 25 Kubikkilometer Asche des Vulkanausbruchs das Tal der 10.000 Dämpfe. Doch an manchen Stellen hat sich auf der Asche eine dünne Humusschicht gebildet, die es einigen Pflanzen erlaubt hat, ins Tal zurückzukehren.

schengedenken fast immer war. Doch unter den schlafenden Vulkanen reiben die tektonischen Platten der Erdkruste weiterhin aneinander und stauen gewaltige Energien auf. Und dann wird eines Tages wieder die Erde beben und eine riesige Aschenwolke den Himmel verdunkeln – über dem Tal der 10.000 Dämpfe ...

DAS TAL DER 10.000 DÄMPFE
Eine Produktion der National Geographic Society
Regie: Christine Weber; Buch: Patrick Prentice; Deutsche Bearbeitung: Walter Köhler

ACHTZEHNTES KAPITEL

MISSION ZUM GRÜNEN PLANETEN

In Amazonien, dem größten Regenwald unserer Erde, dringt auch mittags kaum Licht durch das Blätterdach. In diesem Schattenreich herrschen Flechten und Pilze, Milliarden Insekten und lautlose Jäger wie die Boa constrictor. Es ist eine finstere Welt – große Tiere wie der Ozelot sind rar und erscheinen nur Augenblicke, wie flüchtige Gespenster. Der Waldboden ist der Verdauungstrakt des Waldes. Was hier verrottet, Blätter, Blüten und Pflanzenreste, kommt aus der Welt des Lichts. Dort, hoch oben in den Baumkronen, leben die meisten Tiere und Pflanzen, dort sitzt die Seele des Regenwaldes. Die sonnendurchflutete Beletage Amazoniens liegt gut 40 Meter über dem Boden – ein verfilzter, schwebender Kontinent so groß wie die USA. Einige österreichische Forscher haben beschlossen, dieses unbekannte Land zu betreten. Der Weg dorthin wurde zu einem der größten Abenteuer unserer Tage – zur Mission zum grünen Planeten.

Schauplatz dieser einzigartigen wissenschaftlichen Mission ist der Süden Venezuelas. Die einzige Siedlung weit und breit ist La Esmeralda, eine alte Missionsstation am Ufer des Orinoco. Die nächste Stadt liegt fast 1.000 Kilometer flußabwärts, der Rest ist Regenwald. Alles lebt vom großen Fluß, er ist Verkehrsweg, Badewanne, Waschmaschine und die einzig verläßliche Nahrungsquelle. Wer hier lebt, ist Selbstversorger: Es gibt nichts zu kaufen, die wenigen Waren werden per Schiff geliefert. In der Trockenzeit, wenn der Orinoco Niedrigwasser führt, kommt niemand mehr nach La Esmeralda. Die andere Verbindung zur Außenwelt ist eine schmale Landebahn. Gelegentlich kommen kleine Flugzeuge, sie bringen Post und manchmal auch Gäste. Anfang der neunziger Jahre kam der Wiener Tropenbotaniker Wilfried Morawetz. Er war auf der Suche nach einem unberührten Flecken Regenwald, einem Ort, an dem er seinen großen Traum verwirklichen könnte: Er wünschte sich eine Art Sänfte, mit der er über den Baumkronen schweben würde, um nie gesehene Pflanzen und Tiere zu beobachten, und so entstand die aberwitzige Idee, mitten in der Wildnis einen großen Kran aufzustellen.

Morawetz wußte bald, wo dieser Kran stehen muß – natürlich im größten Regenwald der Welt. Amazonien bedeckt eine Fläche von über sechseinhalb Millionen Quadratkilometer. Im

Linke Seite:
Ein 45 Meter hoher Kran mitten im Dschungel – was aussieht wie eine Baustelle von Fitzcarraldo, ist das Herzstück der österreichischen Forschungsinitiative, um das Blätterdach des amazonischen Regenwaldes zu untersuchen.

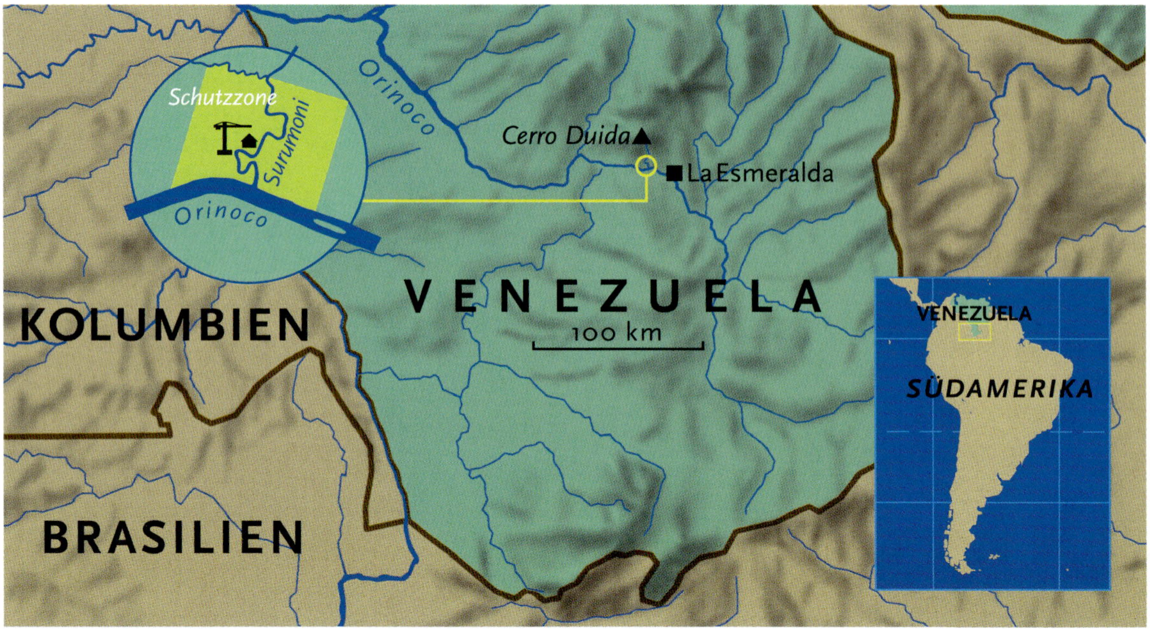

Norden, am oberen Orinoco, zwölf Kilometer von La Esmeralda entfernt, fand er den idealen Standort – an der Mündung des Rio Surumoni. Die Österreichische Akademie der Wissenschaften beschloß, das Projekt zu finanzieren, und kurz darauf nahm die verrückteste Baustelle der Welt ihren Betrieb auf. Mitten im Wald wurden 120 Meter Schienen verlegt – die Rollbahn für den Kran. Wenige Monate später warteten bereits Experten aus der Schweiz auf ihren Einsatz, um noch während der Bauarbeiten den 45 Meter hohen Kran zu montieren. Die dafür nötigen Teile kamen aus der einzig möglichen Richtung – von oben. Nur Spezialhelikopter wie ein »Super Puma« können derart schwere Lasten schleppen. Solche Hubschrauber hat in Venezuela nur die Luftwaffe. Ohne Militärs kein Kran – aber sie machten mit. Die tonnenschweren Teile wurden zuerst per Schiff nach La Esmeralda und von dort zur zwölf Kilometer entfernten Schneise geflogen.

Der Mann, der all das angezettelt hatte, wanderte unterdessen seelenruhig durch seinen Wald. Das Gelände ist locker bewachsen, es gibt kein Dickicht und kein undurchdringliches Lianengewirr. Fast könnte man meinen, der Botaniker spaziert durch eine Parklandschaft. Daß der Regenwald am Boden kaum dem Klischee eines wuchernden Dschungels gleicht, hat verschiedene Gründe. »Erstens kommt von oben nur ganz wenig Licht nach unten zum Boden, oft nur ein Prozent«, erklärt Morawetz, »und das hindert schon fast alle Pflanzen, hier Fuß zu fassen. Nur ganz wenige Spezialisten, kleine Palmen oder Jungpflanzen, können in diesem Klima bestehen. Zweitens beschränkt sich der Großteil der Biomasse, der lebenden Masse, auf die Bäume selbst.« Eine Humusschicht wie in unseren Breiten fehlt zur Gänze, auf dem Boden selbst wächst kaum ein Pflänzchen. Die Bodenerde ist aber dicht mit Samen durchsetzt, die hier schlafend darauf warten, irgendwann einmal auszukeimen, wenn ein alter Baum fällt und die Sonne bis zum Boden dringt.

Im feuchten Keller des Regenwaldes gibt es nur eine Devise: täuschen und tarnen. Hier führt die Evolution ihre schönsten Zaubertricks vor – Raupen, die sich eine Tarnkappe aufsetzen, Schildkröten, die aussehen wie ein Haufen fauler Blätter. Auch der Alptraum vieler Touristen, die Vogelspinne, lebt hier gut getarnt und macht sich rar. Die größeren Säugetiere, die hier vorkommen, haben alle eines gemein: Man sieht und hört sie kaum. Der Jaguarundi, eine rund sechs Kilo schwere Katze, ist über ganz Südamerika verbreitet, aber sie ist dämmerungs- und nachtaktiv, und nur wenige haben sie je in freier Wildbahn gesehen. Entsprechend wenig weiß man über das Verhalten des Jaguarundi.

Der Tukan ist ein Gärtner des Regenwaldes. Er frißt mit Vorliebe Früchte und verbreitet deren Samen in seinem Kot über große Gebiete.

Für unbedarfte Wanderer ist der Waldboden wenig mehr als ein grüner, endloser Irrgarten, selbst Botaniker wie Wilfried Morawetz werden hier auf die Dauer nicht glücklich. Wenn Morawetz am Waldboden Amazoniens steht, sieht auch er keine einzige Blüte und könnte fast glauben, daß die Geschichte von den blühenden Tropen erfunden ist. Doch er weiß, daß er am Boden des Regenwaldes am falschen Platz ist: »Wenn man den Regenwald beobachten will, muß man in die Baumkronen steigen. 90, ja 95 Prozent aller Organismen sind oben in den Kronen versammelt – fast die gesamte Fauna, fast die gesamte Flora. Das Ökosystem spielt sich eigentlich da oben ab.«

Die schwebenden Gärten schienen in erreichbarer Nähe. Mit seinem 40 Meter langen Ausleger würde der rollende Kran eine Kronenfläche von eineinhalb Hektar zugänglich machen – vorausgesetzt, die Millimeterarbeit aus der Luft gelingt. Jeder Turmteil wiegt fast drei Tonnen, aus Gewichtsgründen fliegt der Helikopter mit minimaler Spritmenge. Der kleinste Fehler zwingt ihn zur Rückkehr. Nach halsbrecherischen Manövern kommt es zum unerwarteten Ende, trotz wiederholter Versuche will die Befestigung des zweiten Turmteils nicht gelingen. Der Treibstoff wird knapp, der Pilot setzt den Turm in der Schneise ab.

Große Tiere wie den Ozelot bekommt man im Regenwald kaum zu Gesicht.

Die Militärpiloten beherrschten ihr Handwerk, und sie reizten die Grenze ihrer Maschine aus, aber letztlich fehlte die Präzision. Jeder wußte, daß weitere Versuche sinnlos waren. In Europa arbeiten die Schweizer mit einem speziell ausgerüsteten Helikopter. Aber wie soll man ihn in den Regenwald schaffen? Wer wird das bezahlen? Wie geht es weiter und vor allem wann? Die Stimmung war am Nullpunkt. Dies geschah im April 1995, und niemand glaubte, daß der Kran jemals stehen würde – außer Wilfried Morawetz. Er wußte, daß er mit seinen Problemen nicht allein war, denn die kurze Geschichte der Kronenforschung gleicht einem Abenteuerroman.

Dieses Abenteuer begann im Jahr 1982. Damals führte der amerikanische Biologe Terry Erwin ein legendäres Experiment durch. Bei einer Insektenzählung stellte er mittels Hochrechnung fest, daß im Regenwald nicht, wie angenommen, rund zwei Millionen, sondern wahrscheinlich bis zu 30 Millionen Tierarten leben. Erwins Methode, die eher an biologische Kriegsführung als an Wissenschaft erinnert, wird noch heute angewendet: Um eine Baumgruppe werden Trichter gespannt. Sie sollen Insekten auffangen, die mit einem milden Insektizid auf höchst unsanfte Weise aus den Kronen geholt werden. Der Gasangriff erfolgt mit einer Kanone, die Chemikalie ist rasch abbaubar und zeigt weder bei Pflanzen noch bei anderen Tieren Wirkung. Was in den Sammelbehälter am Boden der Trichter fällt, sind ausschließlich Insekten und Spinnen. Die Kanone ist eine Notlösung, ohne permanente Station, ohne aufwendige Werkzeuge wie einen Kran ist das dünne Geäst in 40 Meter Höhe nicht erreichbar.

»Vorsicht Gift« signalisiert dieser Pfeilgiftfrosch mit seiner knalligen Färbung.

Dennoch sorgte Terry Erwin 1982 damit für eine Sensation: Mit einem Mal stand fest, daß über 90 Prozent aller Tierarten dieser Erde Insekten und Spinnen sind, die in den Baumkronen des Regenwaldes leben. Die meisten dieser Arten sind unbekannt, und seit jenem denkwürdigen Experiment sitzen Biologen staunend vor ihren Mikroskopen. Sie wußten, daß diese milliardenfüßige Übermacht die Pflanzen- und Tiergemeinschaft des Regenwaldes am Leben erhält. Aber wie funktioniert dieses System? Was geschieht tatsächlich in den Baumkronen? So entstand Anfang der achtziger Jahre der Traum von einem Labor im Blätterdach.

Vogelspinnen sind bei weitem nicht so gefährlich wie ihr Ruf. Sie kommen in vielen verschiedenen Arten in den Regenwäldern Amazoniens vor.

Etwa zur gleichen Zeit begann ein junger Biologe im Regenwald von Costa Rica mit der Erstbesteigung des Kronendaches. Der Amerikaner Donald Perry hatte nur ein Ziel: Er wollte sich frei wie die Affen in der obersten Etage des Waldes bewegen. Seine Technik war einfach und genial. Perry schoß mit einem Pfeil eine Schnur durch eine hohe Astgabel und zog ein Kletterseil nach. Ausgerüstet wie ein Alpinist klinkte er sich ins gut gesicherte Seil. Der Weg nach oben war frei, aber Perry hatte die scheinbar einfache Technik erst nach zahlreichen Verletzungen und gefährlichen Abstürzen im Griff. Perrys Berichte und Bilder aus dem schwebenden Wunderland in den Tropen haben viel bewirkt, vor allem als handfeste Argumente für die Rettung der Regenwälder, die schon vor 20 Jahren an allen Ecken und Enden brannten. Aber er mobilisierte auch die Wissenschaft – sein Pfeil-und-Bogen-Trick zählt heute zum Standardrepertoire der Tropenforscher.

Doch die Kletterei hat auch Grenzen. Sie ist mühsam, und man kann nur kleine Flächen untersuchen. »Fliegen müßte man können«, dachte sich also Francis Hallé und gilt seither als der »fliegende Franzose« unter den Botanikern. Im Jahr 1989 realisierte er etwas Unglaubliches: Ein buntes Luftschiff flog lautlos über der Wildnis von Französisch-Guyana. An Bord waren französische Tropenforscher, eine Etage tiefer hing ein 600 Quadratmeter großes Gummifloß. Auch Hallé ist überzeugt: Der Boden ist der falsche Ort, die entscheidenden biologischen Vorgänge – das Blühen, das Bestäuben und die Verteilung der Samen – geschehen oben.

1989 setzte der französische Tropenbotaniker Francis Hallé erstmals ein Luftschiff samt darunterhängendem Floß zur Erkundung des Regenwaldes Amazoniens ein.

Der große Vorteil von Hallés Erfindung ist, daß das Floß mobil ist und theoretisch überall in der Welt eingesetzt werden kann – vorausgesetzt, die Bäume halten der Belastung stand. Womit man beim eklatanten Nachteil ist: Die Plattform ist alles andere als sicher. Mehr als einmal hing das Leben der Mannschaft buchstäblich an einem Faden. Wenn es funktioniert, eignet sich das Floß vor allem zum Sammeln und Bestimmen von Pflanzen und Insekten, wo immer man will. Demnächst will Hallé in Afrika sein Glück versuchen.

Sein fliegendes Labor ist zwar eine phantastische Idee, aber es gleicht einer Mondlandefähre: Die Aufenthaltsdauer am grünen Planeten ist begrenzt. Was man wirklich braucht, ist eine Raumstation. Die erste wurde 1990 errichtet und liegt am Panamakanal. Panama ist das erste Hauptquartier der modernen Tropenforschung. Auf der Kanalinsel Barro Colorado herrscht seit Anfang der zwanziger Jahre reger Wissenschaftsbetrieb im Wald. Federführend ist die berühmte Smithsonian Institution. Durchtrainierte Forscher müssen auch hier klettern. Einige der weltbesten Spezialisten laufen und klettern durch diesen Wald, auf der Jagd nach Fledermäusen, Vögeln, Spinnen und Pilzen.

Auf der Insel gibt es ein ganzes Dorf mit modernsten Labors, aber das faszinierendste Forschungsgerät steht am Festland in einem Naturpark nahe der Hauptstadt Panama City. Es ist ein Aufzug in die Baumkronen, der dem Traum der österreichischen Biologen am nächsten kommt. Er ist um zehn Meter niedriger, rollt nicht auf Schienen und steht am Stadtrand. Aber er beweist, was man mit Kränen im Regenwald machen kann, wenn man die Fragen klären

Rechte Seite: ***Hellrote Aras kann nur beobachten, wer in die Baumkronen klettert – oder mit einem Kran nach oben fährt.***

Schattenwelt nicht leicht, Bestäuber wie Schmetterlinge, Käfer oder Kolibris anzulocken. Also rufen sie mit leuchtenden Farben und einer unüberschaubaren Formenvielfalt.

Auch die Farben der tropischen Tierwelt erscheinen wie eine verschwenderische Laune der Natur, tatsächlich sind sie fast wie eine Sprache, mit der signalisiert, gelockt, verteidigt und gewarnt wird. Diese Sprache wird vor allem in der Welt des Lichts gesprochen, und Schönheiten wie den Tukan kann man von unten allenfalls hören. Wie viele Vögel hält er sich ausschließlich in den obersten Stockwerken des Waldes auf. Auch ein Ara-Pärchen werden nur Kletterer in den Wäldern am Orinoco je zu sehen bekommen – oder Forscher, die mit einem Kran hinauffahren.

Manchmal sammeln sich Aras auf Klippen und fressen Lehm. Möglicherweise enthält der Lehm Mineralien, die Gifte neutralisieren, welche sie mit ihrer Nahrung aufnehmen.

Die auffälligsten Farben signalisieren in den Tropen meist »Vorsicht Gift«. Scheinbar wehrloses Vogelfutter wie viele Schmetterlingsraupen schützt sich oft mit übelriechenden oder giftigen Substanzen vor zudringlichen Feinden. Bei den Pfeilgiftfröschen steigert sich die Natur in einen Farbenrausch. Juwelen des Regenwaldes nennt man sie, die meisten sind kaum länger als zwei Zentimeter, zählen aber zu den giftigsten Geschöpfen der Welt. Wie und ob diese Feinde lernen, diese bunten Warnsignale zu verstehen, zählt zu den größten Rätseln der Biologie.

Doch solche Schätze finden nur die routinierten Forscher. Was man in diesem grünen Irrgarten aber auf Schritt und Tritt findet, sind Insekten. Sie sind die wahren Herrscher des Regenwaldes, nicht nur weil sie in Milliardenstärke auftreten. Blattschneiderameisen erscheinen auf den ersten Blick wie eine Naturkatastrophe. Sie können einen Baum in wenigen Stunden bis auf das Skelett abräumen. Tatsächlich halten sie den Wald am Leben. Sie graben bis zu sechs Meter tiefe Nester in die Erde und lockern so den dichten Boden auf. Mit den Blättern tragen sie zudem wertvolle Nährstoffe in tiefere Schichten.

Im undurchschaubaren Netzwerk der Tier- und Pflanzengemeinschaften spielen Ameisen die Hauptrolle. Sie sind geniale Biotechniker, ohne die der Wald nicht leben kann. Sie bauen auf Stämmen geschützte Verkehrswege, und im Laufe von Millionen Jahren verbündeten sie sich sogar mit den Pflanzen – zum Beispiel mit der Tococa: Sie läßt für die Ameisen eigene Wohnungen wachsen, die am unteren Ende des Blattes liegen. Schneidet man sie auf, so blickt man in eine Zweizimmerwohnung: In einer Kammer leben die Ameisen, die andere dient als Abfallhaufen. Als Gegenleistung wird alles attackiert, was auch nur in die Nähe der Pflanze kommt. In hochgelegenen Astgabeln legen die Ameisen eigene Gärten an, tragen Samen ein und beschneiden regelmäßig die Triebe.

Dieses Wunderland ist jener Wald, in dem bald der Kran stehen soll. Sein Kronendach hat die ideale Höhe, der Boden ist vor Überschwemmungen sicher. Gewissermaßen vor der Haustüre liegt eine Wasserstraße – der Rio Surumoni. An seinen Ufern schwirren Wolken von

Schmetterlingen, hier nehmen sie die raren Mineralstoffe auf, die im Wald weitgehend fehlen. Für Tiere und Pflanzen gelten hier eigene Gesetze, denn der Surumoni ist ein sogenannter »Schwarzwasserfluß« und hat eine besondere Chemie. Aus den nährstoffarmen Böden der Umgebung hat der Fluß Huminsäuren aufgenommen. Für viele Insekten und Fische ist dieses Wasser giftig, und so überleben in seinem Wasser nur wenige angepaßte Arten. Im trüben Orinoco würde man die Hand nicht vor Augen sehen, aber im Surumoni ist das Wasser fast chemisch rein. Nur die braune Färbung täuscht. Sie stammt vom Laub, das rund ums Jahr in den Fluß regnet.

Der »Super-Puma« beim Transport der schweren Kranteile.

Ende April beginnt die Regenzeit. Nicht, daß es sonst trocken wäre, aber nun regnet es ohne Unterlaß. Zwischen Fluß, Wolken und Regen scheint kein Unterschied zu sein: Berge, Bäume und Menschen erscheinen nur noch wie feuchte Schatten im Wasserdampf. Dann erwacht der Orinoco: Ganze Ozeane strömen aus Bergen und Wäldern, bei den Stromschnellen von Puerto Ayacuco, 1.000 Kilometer stromabwärts vom Surumoni, steigt der Fluß um sieben Meter. In der Trockenzeit kommt kein Boot über diese Barriere. Nun ist auch für große Schiffe der Weg nach Süden frei. Einsame Außenposten wie La Esmeralda erwachen zum Leben, Es gibt wieder Treibstoff und Lebensmittel und vor allem einen ungeheuren Trubel.

Im November 1995 bringt eine Transportmaschine der Luftwaffe ein vierzigköpfiges Team: Monteure, Wissenschaftler und tonnenweise Ausrüstung und Verpflegung. Am Luftwaffenstützpunkt Maracay wird zur selben Zeit der »Super Puma« umgerüstet. Eine Mannschaft aus der Schweiz, spezialisiert auf Kranmontagen aus der Luft, baut mit den Militärs einen Spezialsitz und ein neues Fenster ein. Durch die gläserne Halbkugel kann der Pilot nun genau sehen, was am Boden geschieht.

Wilfried Morawetz vor der Jungfernfahrt.

An einen Ort, wo es nur Bananen zu kaufen gibt, muß man alles mitnehmen: Verpflegung, Treibstoff für den Hubschrauber, Stromaggregate und Medikamente. Das Basislager, die Humboldt-Forschungsstation, ist für das Team schon fast wie eine Heimat. Sie liegt in einer Savanne, zwischen dem Tafelberg-Massiv des Cerro Duida und dem Orinoco. Eine Bootsstunde entfernt, nahe den Schienen, steht eine Hütte im Wald, in der die Forscher wohnen und arbeiten sollen. Demnächst werden die Schweizer Monteure hier in 40 Meter über dem Boden arbeiten – ohne Netz.

In La Esmeralda startet bereits der Hubschrauber, um 20 Tonnen Stahl mitten in die Wildnis zu fliegen. Im Cockpit des Helikopters sitzen ein Schweizer und ein Offizier der venezolanischen Luftwaffe. Es ist eine Zusammenarbeit von Militärs und Zivilisten, wie sie nicht alle Tage vorkommt. Zum Aufwärmen wird der im Vorjahr abgelegte Turmteil geborgen. Dann kommen der dreieinhalb Tonnen schwere Drehkranz, das mechanische Herzstück an der Kranspitze, und die Steuerkanzel an die Reihe. Von ihr aus wird man den Kran wie üblich dirigieren. Wenn alles klappt, werden die Wissenschaftler jedoch in einer Gondel sitzen und den Kran mit Fernsteuerung bedienen. Dann kommt der entscheidende Moment: Der 40 Meter lange Ausleger des Krans wird Zentimeter genau angeflogen und fixiert. Trotz strömenden Regens hat die Montage kaum sechs Stunden gedauert, das Husarenstück ist vollbracht.

Die Schweizer Monteure haben bereits an den unmöglichsten Orten der Welt Kräne errichtet, aber diese Montage ist ihr Meisterstück. Als erste blicken sie über das Kronendach des Regenwaldes und beginnen auf der schönsten Baustelle der Welt mit der Endmontage. In der Nacht vor der Jungfernfahrt will niemand schlafen gehen. Die Wissenschaftler denken nur an eines – an die Wunder, die sie nun erwarten. Am Morgen darauf wird sein Traum wahr: In einer Gondel schwebt Wilfried Morawetz hinauf in die Baumkronen.

Doch der Kran ist mehr als der stahlgewordene Traum eines Botanikers – es ist eine Basisstation für alle Wissenschaftler. Dieses schwebende Labor ist eine einmalige Chance: Erstmals kann der Regenwald nicht nur als Stückwerk, sondern als Einheit, als lebender Organismus betrachtet werden. Das wird nicht nur in Venezuela, sondern bald weltweit geschehen, denn der Kran war eine zündende Idee. Mit Hilfe von Wilfried Morawetz sollen bald zwei weitere Kräne errichtet werden, einer in Malaysia, ein weiterer in Zentralafrika.

Am Surumoni haben die Forscher soeben ihre Arbeit aufgenommen. Es gibt viel zu tun. Denn in diesem Ozean aus Bäumen verbirgt sich eine phantastische Vielfalt an Individuen, Überlebensstrategien und chemischen Geheimformeln. Es ist die Milliarden Jahre alte Bibliothek der Evolution. Erst jetzt kann man darin lesen, erst jetzt hat die Mission zum grünen Planeten begonnen.

MISSION ZUM GRÜNEN PLANETEN

Eine Produktion der Interspot Film Wien in Zusammenarbeit mit ORF, ZDF und Expedicion RCTV

Buch und Regie: Harald Pokieser

Neunzehntes Kapitel

Rhythmen des Lebens

Vom Anbeginn der Schöpfung bis zum Ende aller Zeiten tanzen unsere Welt und alle Lebewesen zum Rhythmus einer kosmischen Symphonie. Die Noten dieser himmlischen Kadenz sind Licht und Dunkel, Ebbe und Flut, Hitze und Kälte. In Gang gesetzt von den Bewegungen der Sonne, des Mondes und der Erde, sind sie jene Zyklen, denen sich alles Lebendige unterwirft. Sie sind die Rhythmen des Lebens.

Als es weder Tag noch Nacht gab und keine Jahreszeiten, erwachte ein Stern zu feurigem Leben und zündete sein nukleares Feuer – unsere Sonne. Durch die Kraft der Sonne entstanden mit der Zeit aus unförmigen Materiewolken voll heißem Sternenstaub die Planeten unseres Sonnensystems. Vor etwa fünf Milliarden Jahren wurde auf diese Weise auch unser Heimatplanet geboren – die Erde.

Doch fast eine Milliarde Jahre lang war unsere Welt ein ungastlicher Ort für jegliche Art von Leben – ein rasender roter Globus, eine glühende Masse aus Lava und giftigen Gasen. Im Kern der Urerde wütete ein Inferno. Jahrmillionen über Jahrmillionen kehrte der junge Planet durch unzählige Vulkanschlote sein Innerstes nach außen, nahm durch Meteoritentreffer an Masse zu und veränderte so fortwährend seine Gestalt.

Schon seit ihrer Geburtsstunde kannte die Erde einen Tag und eine Nacht, aber nicht, wie wir sie heute erleben. Durch die kosmischen Kräfte angetrieben, raste die Erde durch den Tag-Nacht-Zyklus. Der Globus drehte sich fünfmal schneller um die eigene Achse als heute. Auf wenige kurze Stunden Sternenhimmel folgten ein paar knappe Stunden Sonnenschein. Tag und Nacht wechselten einander mit irrwitziger Geschwindigkeit ab.

Unzählige Meteoriten gingen auf die junge Erde nieder. Doch vor viereinhalb Milliarden Jahren kollidierte ein Asteroid von der Größe des Mars mit unserem Planeten und veränderte den Himmel und die Erde für immer. Ein Teil des Riesenasteroiden verdampfte beim Aufprall, ein anderer wurde von der Erde verschluckt. Doch ein weiterer Teil wurde zusammen mit irdischer Materie ins All zurückgeschleudert. Das war die Geburtsstunde des Mondes – und vieler von ihm abhängiger Rhythmen des Lebens.

Linke Seite:
Fast eine Milliarde Jahre lang war die Erde eine lebensfeindliche glühende Masse aus Lava und giftigen Gasen.

Anfangs war der Urmond wohl mehr eine Wolke aus Fragmenten, die wie die Ringe des Saturn die Erde umkreiste, bevor sich die Trümmer zu jenem kompakten Trabanten vereinigten, den wir heute kennen. Zu klein, um eine schützende Atmosphäre zu entwickeln, schlugen unzählige Meteoriten ungebremst in die Mondoberfläche ein. Ohne Wind und Regen, um die Einschlagkrater zu verwischen, legt das pockennarbige Antlitz des Mondes in alle Ewigkeit Zeugnis von der Wucht dieses kosmischen Bombardements ab.

Auf der Erde darunter brodelte eine Atmosphäre aus Wolken von giftigen Gasen und Wasserdampf, die aus dem Erdinneren herausgeschleudert wurden. Dennoch war unsere Welt schon damals ein ganz besonderer Ort, denn der Abstand zur Sonne stimmte perfekt: Etwas näher zu unserem Stern, und alles Wasser wäre unwiederbringlich verdampft. Etwas weiter entfernt, und es wäre zu ewigem Eis gefroren. Doch in der Atmosphäre der Erde kondensierte der Wasserdampf, fiel als Regen auf die Oberfläche zurück und füllte die ersten Ozeane.

Über Jahrmillionen stiegen die Meere und überfluteten alles Land. Doch es waren nicht jene kühlen, lebensspendenden Gewässer, wie wir sie heute kennen. Die Uratmosphäre bot nur mäßigen Schutz vor der Macht der Sonne. Eine Ozonschicht, die die schädliche Ultraviolett-Strahlung herausfiltert, gab es noch nicht. Beinahe ungehindert drangen die Strahlen der Sonne durch sie hindurch und verbrannten auf der jungen Erde alles, worauf sie trafen.

Auch der Mond übte einen bedeutend stärkeren Einfluß auf die Erde aus, als er es heute tut. Er stand viel näher zur Erde und löste durch seine um vieles größere Anziehungskraft gewaltige Gezeiten aus. Der Unterschied zwischen Ebbe und Flut betrug Kilometer, der Wellengang setzte ganze Berge von Wasser in Bewegung.

Von der Sonne bestrahlt und vom Mond aufgewühlt, boten die Oberflächenwasser der Urmeere keine Hoffnung für die Entwicklung von Leben. Doch in den Tiefen der Ozeane war es ruhiger. Und hier bildeten sich die ersten Bausteine des Lebens. Aminosäuren entstanden im Wasser, das direkt vom inneren Feuer des Planeten aufgeheizt wurde – aus einer brodelnden Brühe von Nährstoffen, die aus dem Herzen der Erde stammten.

Doch selbst die Tiefen der Ozeane waren nicht sicher vor kosmischen Katastrophen. Im jungen Sonnensystem zog noch der Schutt der Planetenbildung ungebunden seine Kreise. Asteroidenschläge haben wahrscheinlich mehrmals die Ozeane verdampfen lassen und den Meeresboden freigelegt. Nicht bloß einmal wurde vielleicht das Leben auf der Erde wieder ausgelöscht. Doch sintflutartige Regenfälle füllten die Ozeane immer wieder von neuem. Das Leben auf Erden war hartnäckig.

Vor etwa drei Milliarden Jahren, als sich die Erde abgekühlt hatte und langsam zur Ruhe kam, erschienen die ersten Vorboten des Lebens, wie wir es heute kennen. In stillen, geschützten Buchten breiteten sich Algen aus. Die intensive Sonnenstrahlung und reichlich Kohlendioxid ließen riesige Kolonien der einzelligen Pflanzen prächtig gedeihen. Denn sie beherrschten bereits die Photosynthese: Die Algen nahmen Kohlendioxid aus der Luft auf und spalteten es mit Hilfe von Sonnenlicht in Zucker und Sauerstoff. Und der Sauerstoff, eigentlich das Abfallprodukt ihres Stoffwechsels, sollte die Erde für immer verändern. Ungezählte Jahrtausende lang blühten die Algen in den kurzen sonnendurchfluteten Tagen und produzierten Sauerstoff. Und nun veränderten sich auch die kosmischen Rhythmen: Nach und nach verlangsamten der Mond und seine Gezeitenkräfte die irrwitzige Geschwindigkeit, mit der sich unser Heimatplanet um die eigene Achse drehte. Auch die Kräfte, die Erde und Mond so nahe zusammenhielten, wurden schwächer. Schließlich zog sich der Mond auf seine heutige Entfernung zur Erde zurück, und noch immer vergrößert er unmerklich den Abstand zu unserem Planeten.

Mit dem nun weiter entfernten Mond wurden auch die Gezeiten schwächer. In den ruhigeren Gewässern wuchsen immer mehr Algen und erzeugten immer mehr Sauerstoff. Und mit dem Sauerstoff entstand auch die Ozonschicht, die unseren Planeten seither vor der schädlichen Ultraviolett-Strahlung der Sonne schützt. Endlich war die Bühne für die nächste Phase der Schöpfung bereitet.

Wie das Feuer eines neuen Sterns erfüllte der Funke neuen Lebens die Ozeane. Diese neuen Organismen waren noch immer einzellige Pflanzen, aber dennoch viel komplexer als jede Lebensform vor ihnen. Denn in jeder Zelle steckte ein genetischer Code, der die Rhythmen der Erde und des Himmels widerspiegelte – eine biologische Uhr, die ihr Leben leitete. Der Tag war die richtige Zeit, um Sonnenlicht zu tanken und Nahrung aufzunehmen, die Fortpflanzung war dem Schutz der Nacht vorbehalten.

Millionen Jahre später schlägt diese Uhr in fast jedem Lebewesen immer noch im Rhythmus der Drehbewegung der Erde. Wenn der Morgen über einer der Inseln des Palau-Archipels im

Quallen in einem marinen See auf Palau im Südpazifik folgen dem Lauf der Sonne, um genug Licht für die Braunalgen zu tanken, die in ihren Gallertkörpern gedeihen.

Vorhergehende Doppelseite: ***Eine Langzeitbelichtung des nächtlichen Sternenhimmels macht die Drehbewegung der Erde sichtbar.***

Südpazifik graut, steigt aus der Tiefe eines vom Meer gespeisten Sees eine Herde von Unterwasser-Farmern an die Oberfläche. Es ist ein riesiger Quallenschwarm, Abertausende Tiere stark. Quallen haben keine Augen, sie brauchen das Licht der Sonne nicht, um zu sehen. Sie benötigen es, um ihre Nahrung zu ziehen – Gärten von Braunalgen, die in ihren durchscheinenden Gallertkörpern gedeihen. Ohne Sonnenschein würden sie verhungern.

Während die Sonne über den Horizont wandert, verdunkeln die Schatten der umgebenden Klippen die Oberfläche des Sees. Doch die Quallen folgen dem Lauf der Sonne und halten ihre mikroskopisch kleinen Passagiere immer am Licht. Wenn die Sonne untergeht, tauchen auch die Quallen zum Meeresboden ab, um die Algen im stickstoffreichen Tiefenwasser zu düngen. Ohne Augen, um zu sehen, wissen die Quallen genau, wann die Sonne wieder auf den Himmel zurückkehrt.

In den Oberflächengewässern der Ozeane richten die meisten Geschöpfe die Zeiten, zu denen sie fressen oder ruhen, nach dem Rhythmus von Licht und Dunkel. Nach Sonnenuntergang wird die Nachtschicht der Unterwasserwelt aktiv. Jede Nacht steigen riesige Planktonwolken zur Nahrungsaufnahme an die Oberfläche und rufen die Korallen auf den Plan. Sie seihen mit ihren Tentakeln mikroskopisch kleine Beute aus dem Wasser. Bei Tagesanbruch bricht plötzlich Hektik am Riff aus. Ein Kaleidoskop der Farben verzaubert dann den Korallengarten. Die meisten Fische sind auf ihren Sehsinn angewiesen, um zu überleben. Bei Dunkelheit sind sie förmlich blind und können nicht durch ihre blaue Welt navigieren. Wenn das Sonnenlicht langsam dünner wird und dem Riff seine Farbenpracht nimmt, verläßt die Tagschicht den Korallengarten und sucht die sichere Tiefe auf – bis zum nächsten Tag, wenn sich unser Globus erneut gedreht und das Riff wieder der Sonne zugewandt hat.

Die meisten Vögel sind tagaktiv. Nachts wäre das bunte Federkleid des Blauköpfigen Paradiesvogels nutzlos.

Auch das Land und das Meer selbst atmen im Rhythmus von Tag und Nacht. Am Tag von den Pflanzen abgegeben, steigt Wasserdampf am Abend in den Himmel, kühlt ab und kondensiert in der Nachtluft. Von der Erde durch die Pflanzen in die Luft und zur Erde zurück – das ist der endlose Zyklus der Erneuerung auf unserem Planeten. Und so bestimmt – ob zu Wasser oder zu Land – die Grenze zwischen Licht und Dunkel das Dasein aller Lebewesen und macht die einen zu tag- und die anderen zu nachtaktiven Geschöpfen.

Die meisten Vögel etwa sind tagaktiv. Sie sind Augentiere und brauchen das Licht zum Sehen – um sicher durch die Luft fliegen zu können und Nahrung zu finden. Aber auch, um einen Partner zu suchen: Nur am hellen Tag bieten die Paradiesvögel ihr Balzritual dar. In der Dunkelheit ist ihr herrliches Gefieder unsichtbar, also nutzlos. Nur bei Tag kommt das aufwendige Federkleid der Männchen voll zur Geltung.

Der aufsteigende Mond bietet angenehme Kühle nach der Hitze des Tages, und so werden viele Geschöpfe erst in den Abendstunden aktiv. Während die meisten also auf das Tageslicht angewiesen sind, folgen andere den Rhythmen der Nacht – etwa die Flughunde. Den ganzen Tag verbringen sie im Verborgenen, schlafen im Schatten und sparen ihre Energien auf. Erst das Zwielicht der Dämmerung signalisiert ihnen, daß es Zeit ist, um nach Nahrung zu suchen. Die Flughunde übernehmen die Kontrolle über den Luftraum, den die Vögel tagsüber beherrscht haben. Da sie des nachts auf Nahrungssuche gehen, verlassen sich Fledermäuse nicht auf ihre Augen, sondern auf ihr Gehör. Sie navigieren mittels Echoortung durch die Nacht, stoßen Ultraschall-Laute aus und fangen die von Hindernissen reflektierten Echos wieder auf.

Auch andere Säugetiere haben gelernt, durch die Nachtluft zu fliegen – wie die australischen Gleithörnchenbeutler. Auf der Suche nach Insekten, Baumharz und Nektar fliegen die Gleithörnchenbeutler in die Nacht hinaus. Mit ihren Flughäuten können die Tiere über 100 Meter im Gleitflug überwinden. Beim ersten Blick mag ihr mutiger Absprung wie ein Flug ins Ungewisse aussehen. Doch eigentlich folgen sie nur den Duftspuren ihrer Artgenossen. Sie markieren die Start- und Landeäste und legen so für ihresgleichen einen unsichtbaren Pfad durch das Kronendach des Waldes. Ihre nachtaktive Lebensweise schützt diese eichhörnchenartigen Tiere vor den Räubern des Tageslichts. Instinktiv kehren sie vor Morgengrauen zu ihren Nestern zurück, wenn scharfäugige Greifvögel wie Adler und Habichte den Luftraum durchstreifen.

Jahrmillionenlang belebten die Säugetiere die Stille der Nacht. Als die Dinosaurier die Erde regierten, zogen sich die kleinen warmblütigen Tiere in den relativen Schutz der Dunkelheit zurück. Doch die Tage, da sich die Säuger vor dem Tageslicht verstecken mußten, sind längst Vergangenheit. Heute stehen die Säuger an der Spitze der evolutionären Leiter, und in Regenwäldern auf der ganzen Welt bewohnen agile Affen die Baumkronen und erfreuen sich an ihrem Platz an der Sonne. Nur wenigen natürlichen Feinden ausgesetzt, regieren sie die Kronen der Urwaldriesen, die sie mit Greifhänden und -füßen erobert haben. Und die Evolution hat ihnen auch eine völlig neue Sichtweise der Welt mit auf ihren Erfolgsweg gegeben – das stereoskopische Sehen. Erst damit war es den Primaten möglich, Distanzen präzise abzuschätzen – eine überlebenswichtige Fertigkeit, wenn man in 30 Metern Höhe durch die Baumkronen jagt.

Irgendwann in der prähistorischen Vergangenheit spaltete sich die menschliche Linie vom evolutionären Ast der Affen und Menschenaffen ab. Und selbst wenn wir uns nun nicht mehr von Ast zu Ast schwingen, teilen wir bis heute den überwiegenden Teil unseres Erbgutes mit unserer Primatenverwandtschaft und auch die Vorliebe für das Tageslicht. Es ist eine Routine, die tief in beiden, Menschen wie Affen, steckt – einprogrammiert vom Auf- und Untergehen der Sonne und des Mondes.

Auch die Rhythmen des Mondes werfen lange Schatten auf das irdische Alltagsleben. Obgleich die kilometerhohen Fluten der Schöpfung auf etwa einen halben Meter geschrumpft sind, übt der Mond über die Gezeiten der Ozeane gewaltige Macht auf den Planeten aus. Aus 380.000 Kilometer Entfernung sind die Gezeitenkräfte des Erdtrabanten stark genug, um an

den Küsten der Weltmeere zu nagen und das polare Eis zu heben. Viermal am Tag wechseln die Gezeiten. Auf sechs Stunden Flut folgen sechs Stunden Ebbe.

Der Wechsel der Gezeiten ist zerstörerisch und lebensspendend zugleich. Viele Geschöpfe gedeihen an der unsteten Grenze zwischen Meer und Land. An Stränden, wo der Gezeitengang gemächlicher ist, läßt die Flut nach jedem Rückzug reiche Nahrungsgründe hinter sich. Die sechs Stunden der Ebbe sind ein Wettlauf ums Überleben – ein Rennen gegen den Mond. Aasfresser wie die Grenadierkrabben müssen sich jetzt ihren Anteil an den Früchten des Meeres holen, und sie überschwemmen in ganzen Bataillonen den Strand. Eine riesige Armee von Krabben arbeitet zusammen und frißt sich durch jeden Quadratzentimeter Sand, bevor sie weiterzieht.

Doch keine Armee kann gegen den Mond ins Feld ziehen. Und das wissen auch die Krabben. Ihr Paradeplatz ist verlassen, wenn der Mond die Flut wieder gegen die Küste rollen läßt. An den Küsten der Welt gebietet der Mond und gibt den Rhythmus des Lebens vor. Bei Ebbe wird gefressen, bei Flut ausgeruht. Die Gezeiten geben den Takt vor – bei Tag und bei Nacht. Und wann immer die Flut von der Ebbe abgelöst wird, kommen die Bewohner des Strandes aus ihren Verstecken, um zu fressen – ob bei hellem Sonnenschein, dem fahlen Licht des Mondes oder unter dem Glitzern des Sternenhimmels.

Hinter diesem konstanten Zyklus von Ebbe und Flut läuft noch ein zweiter, langsamerer Gezeitenrhythmus ab – eine Kadenz, die viele Lebewesen anspornt, sich zu paaren, um für Nachwuchs zu sorgen. Dieser Rhythmus sind die Mondphasen – der einen Monat andauernde Tanz des Mondes um die Erde, bei dem die Sonne den Erdtrabanten wechselnd bestrahlt. Zweimal im Monat verbünden sich Sonne und Mond, um die Flut zu verstärken. Bei Neu- und Vollmond stehen Sonne und Mond in einer Linie zur Erde und heben die Flut auf ihren höchsten Stand. Dazwischen, bei Halbmond, hebt die Sonne einen Teil der Gezeitenkräfte des Mondes auf, und die Flut ist am schwächsten.

Während Ebbe und Flut steuern, wann die Meeresbewohner fressen und wann sie ruhen, bringt dieser monatliche Zyklus der Gezeiten Bewegung in ihr Sexualleben. Viele Riffische haben ihre Laichsaison darauf abgestimmt. Wenn nach Vollmond der Gezeitenstand wieder abebbt, entlassen sie Eier und Samen ins Wasser. Bei Flut brandet das Meer wieder über das Riff und schwemmt ganze Schulen von Jungfischen in die Lagune. Gefangen im ruhigen, flachen Wasser, sind sie für die Jäger, die über der Lagune ihre Kreise ziehen, eine leichte Beute. Denn Seevögel wie die Schwarznackenseeschwalben leben ebenso im Rhythmus der Gezeiten. Auch sie haben ihren Brutzyklus auf den hohen Gezeitenstand bei Vollmond abgestimmt, wenn das Meer zahllose Fische in das seichte Wasser schwemmt und es für die Küken Nahrung im Überfluß gibt.

Der Mond treibt viele Tiere zur Fortpflanzung an – über wie unter dem Meeresspiegel. Knapp nach Vollmond beginnen die Korallen des Großen Barriereriffs zu blühen. Wenn die Gezeiten ihren Tiefstand erreicht haben, schießen mehr als 200 verschiedene Korallenarten

Linke Seite:
Der Mond steuert den Rhythmus der Gezeiten. Bei Vollmond bringt der Erdtrabant auch Bewegung in das Sexualleben vieler Meerestiere.

ihre Samen in eine Galaxie aus Eiern. In dem ruhigen Wasser schweben sie davon und vermischen sich. Die Eier und Samen derselben Spezies haben Zeit, sich zu vereinigen und eine neue Generation zu zeugen.

Der Vollmond ist auf allen Riffen der Erde Startsignal für das Blühen der Korallen.

Auch die Balolowürmer pflanzen sich bei Vollmond fort. Sie sind lichtscheue Geschöpfe, die in Riffspalten leben. Doch nun werfen sie ihre mit Eiern oder Samen prall gefüllten Hinterleiber ab. Im Gegensatz zum Vorderteil des Wurms sind sie lichtempfindlich und schwimmen der mondhellen Oberfläche entgegen. Wie eine Milchstraße aus neuem Leben wirkt die Korallenblüte, vor der diese sich windenden Schnüre voller Sexzellen tanzen. Dieses Schauspiel wird vom Kosmos dirigiert – vom Rhythmus der Drehbewegung von Erde und Mond um die Sonne.

Wie der Mond gibt auch die Sonne einen zweiten, langsameren Rhythmus als ihr alltägliches Auf- und Untergehen vor. Es ist der Zyklus der Jahreszeiten, den unser Heimatplanet bei seiner ein Jahr dauernden Umkreisung der Sonne erlebt. Und es ist die Sonne, die Winter und Sommer vom Süden in den Norden trägt und wieder zurück.

In der Antarktis vereinigt sich der Zyklus der Jahreszeiten mit dem Rhythmus von Tag und Nacht. Auf sechs Monate Sonnenschein folgen sechs Monate Dunkelheit, auf den Sommer folgt der Winter. Doch das Leben widersteht selbst den extremen Bedingungen des südpolaren Winters. Während der Finsternis der polaren Nacht bewachen die Männchen der Kaiserpinguine je ein einzelnes Ei und warten auf die Rückkehr der Sonne. Dann übernehmen die Weibchen die bereits geschlüpften Jungen. Die biologische Uhr der Natur ist auch hier am Werk. Die Weibchen scheinen zu fühlen, wann genau die Zeit gekommen ist, um zu ihrer langen Wanderung über das Eis zu den Nistplätzen aufzubrechen und die Männchen abzulösen.

Wann der Sommer kommt, also die unterschiedliche Länge der Jahreszeiten, hängt von der schwankenden Geschwindigkeit ab, mit der die Erde um die Sonne kreist. Die klimatischen Unterschiede der Jahreszeiten verursacht die kreiselnde Bewegung der Erde um ihre gegen den Äquator geneigte Achse. Während die Erde ein Jahr durchläuft, steht die Sonne einmal auf der Süd- und einmal auf der Nordhalbkugel im Zenit und läßt es Sommer werden. Ihre Strahlen treffen dann am steilsten auf der Erde auf. Am Äquator verändert sich der Einfallswinkel der Sonnenstrahlen nur geringfügig und doch ausreichend, um auch den Tropen ihren eigenen jahreszeitlichen Rhythmus zu bescheren – den Wechsel von Trocken- und Regenzeit.

In Nordaustralien steigt die Luft im September über den versengten Ebenen in der Mittagshitze auf. Von der Küste ziehen feuchtigkeitsbeladene Wolkenbänke landeinwärts. Die rollenden Wolken bieten zwar ein pompöses Naturschauspiel, aber keine Erlösung für das durstige Land. Sie sind keine Regenmacher, sondern bemalen den Himmel nur mit kräftigen Farben. Für Tiere und Pflanzen heißt es warten, bis der Monsun den ersehnten Regen bringt. Monatelang müssen sie der Dürre widerstehen. Und wenn der Monsun schließlich mit Blitz und Donner über das Land fegt, stürzt er Fauna und Flora im wahrsten Sinn des Wortes vom Regen in die Traufe. Am Höhepunkt der Regenzeit jagen die Gewitterstürme eine Regenfront nach der anderen über das Land und führen manchmal zu verheerenden Überschwemmungen. Und wieder haben Tiere und Pflanzen nur eine Möglichkeit – ausharren, bis der Rhythmus der Jahreszeiten einen neuen Ton anschlägt.

Wie der Zyklus der Gezeiten im Meer bestimmt in den Tropen der Wechsel von Trocken- und Regenzeit das Leben jedes Tiers und jeder Pflanze. Doch sie können den Regen nicht aufhören lassen oder das Dunkel der Nacht erhellen – genauso wenig wie die Fische über Ebbe und Flut entscheiden können. Nur ein Lebewesen wagt es, gegen die Nacht anzukämpfen – der Mensch.

Nur der Mensch lehnt sich gegen die Rhythmen der Natur auf und muß sich ihnen dennoch unterwerfen.

Und dennoch, auch wir müssen uns den Rhythmen der Erde unterwerfen. Sobald der Morgen dämmert, ruft uns die Sonne zur Arbeit. Wie eine Schule von Fischen schwärmen wir in die Städte und suchen Nahrung im urbanen Riff. In den Schluchten des Großstadtdschungels jagen und sammeln wir, was wir zum Leben brauchen. Und die Abenddämmerung ruft uns nach Hause zurück – wie eine Schar von Vögeln auf der Rückkehr zu ihrem Schlafbaum.

Doch im Laufe der Jahrtausende haben wir gelernt, wie wir die Nacht künstlich erhellen können. Wir kämpfen gegen die Zyklen der Erde an, verschieben die Grenze zwischen Tag und Nacht. Wir haben uns unsere eigenen Lebensrhythmen geschaffen, können in wenigen Stunden den Jahreszeiten entfliehen und vom Winter in den Sommer fliegen. Und doch bleiben wir – trotz all unseres Wissens und unserer Technik – nur kleine Nebendarsteller auf einer riesigen Bühne.

Stunde um Stunde, Jahr um Jahr zählt die kosmische Uhr unsere Tage auf Erden. Auf den Sommer folgt der Winter, auf die Ebbe die Flut, auf eine Generation folgt die nächste. Nichts ist für die Ewigkeit bestimmt, nicht einmal die Sterne selbst. Nacht für Nacht, während zahlloser Jahre, wird sich die Erde langsamer um die eigene Achse drehen. Der Mond wird weiter hinaus ins All driften. Die Tage werden länger werden, die Gezeiten zum Stillstand kommen.

Irgendwann, Jahrmillionen von heute, werden die scheinbar endlosen Zyklen unserer Welt zu Ende sein – wenn sich die Sonne zum Roten Riesen aufblähen und sterben wird. Doch unsere Sonne ist nur ein kleiner Stern – in einer kleinen Galaxie, in einem Universum ohne Grenzen. Vielleicht folgt die biologische Uhr irgendwo im Kosmos einem anderen Takt und gibt Zyklen vor, die so großartig und gewaltig sind wie unsere eigenen Rhythmen des Lebens.

RHYTHMEN DES LEBENS

Eine Produktion von ABC Australia, National Geographic Society und BBC

Regie: Dione Gilmour, Paul Reddish; Buch: Jonathan Holmes, Paul Reddish, Don Campbell;

Deutsche Bearbeitung: Walter Köhler